致力于绿色发展的城乡建设

绿色增长与城乡建设

全国市长研修学院系列培训教材编委会　编写

中国建筑工业出版社

图书在版编目（CIP）数据

绿色增长与城乡建设/全国市长研修学院系列培训教材编委会编写．—北京：中国建筑工业出版社，2019.6（2021.11重印）
（致力于绿色发展的城乡建设）
ISBN 978-7-112-23942-9

Ⅰ．①绿… Ⅱ．①全… Ⅲ．①城乡建设－生态环境建设－研究－中国　Ⅳ．①TU984.2②X321.2

中国版本图书馆CIP数据核字（2019）第132013号

责任编辑：尚春明　咸大庆　郑淮兵　陈小娟
责任校对：王　瑞

致力于绿色发展的城乡建设
绿色增长与城乡建设
全国市长研修学院系列培训教材编委会　编写

*

中国建筑工业出版社出版、发行（北京海淀三里河路9号）
各地新华书店、建筑书店经销
北京锋尚制版有限公司制版
北京富诚彩色印刷有限公司印刷

*

开本：787×1092毫米　1/16　印张：7¾　字数：118千字
2019年11月第一版　　2021年11月第二次印刷
定价：72.00元
ISBN 978-7-112-23942-9
（34239）

版权所有　翻印必究
如有印装质量问题，可寄本社退换
（邮政编码100037）

全国市长研修学院系列培训教材编委会

主　　　　任：王蒙徽
副　主　　任：易　军　倪　虹　黄　艳　姜万荣
　　　　　　　常　青
秘　书　　长：潘　安
编　　　　委：周　岚　钟兴国　彭高峰　由　欣
　　　　　　　梁　勤　俞孔坚　李　郇　周鹤龙
　　　　　　　朱耀垠　陈　勇　叶浩文　李如生
　　　　　　　李晓龙　段广平　秦海翔　曹金彪
　　　　　　　田国民　张其光　张　毅　张小宏
　　　　　　　张学勤　卢英方　曲　琦　苏蕴山
　　　　　　　杨佳燕　朱长喜　江小群　邢海峰
　　　　　　　宋友春

组　织　单　位：中华人民共和国住房和城乡建设部
　　　　　　　　（编委会办公室设在全国市长研修学院）
办公室主任：宋友春（兼）
办公室副主任：陈　付　逄宗展

贯彻落实新发展理念
推动致力于绿色发展的城乡建设

习近平总书记高度重视生态文明建设和绿色发展，多次强调生态文明建设是关系中华民族永续发展的根本大计，我们要建设的现代化是人与自然和谐共生的现代化，要让良好生态环境成为人民生活的增长点、成为经济社会持续健康发展的支撑点、成为展现我国良好形象的发力点。生态环境问题归根结底是发展方式和生活方式问题，要从根本上解决生态环境问题，必须贯彻创新、协调、绿色、开放、共享的发展理念，加快形成节约资源和保护环境的空间格局、产业结构、生产方式、生活方式。推动形成绿色发展方式和生活方式是贯彻新发展理念的必然要求，是发展观的一场深刻革命。

中国古人早就认识到人与自然应当和谐共生，提出了"天人合一"的思想，强调人类要遵循自然规律，对自然要取之有度、用之有节。马克思指出"人是自然界的一部分"，恩格斯也强调"人本身是自然界的产物"。人类可以利用自然、改造自然，但归根结底是自然的一部分。无论从世界还是从中华民族的文明历史看，生态环境的变化直接影响文明的兴衰演替，我国古代一些地区也有过惨痛教训。我们必须继承和发展传统优秀文化的生态智慧，尊重自然，善待自然，实现中华民族的永续发展。

随着我国社会主要矛盾转化为人民日益增长的美好生活需要和不平衡不充分的发展之间的矛盾，人民群众对优美生态环境的需要已经成为这一矛盾的重要方面，广大人民群众热切期盼加快提高生态环境和人居环境质量。过去改革开放 40 年主要解决了"有没有"的问题，现在要着力解决"好不好"的问题；过去主要追求发展速度和规模，现在要更多地追求质量和效益；过去主要满足温饱等基本需要，现在要着力促进人的全面发展；过去发展方式重经济轻环境，现在要强调"绿水青山就是金山银山"。我们要顺应新时代新形势新任务，积极回应人民群众所想、所盼、所急，坚持生态优先、绿色发展，满足人民日益增长的对美好生活的需要。

我们应该认识到，城乡建设是全面推动绿色发展的主要载体。城镇和乡村，是经济社会发展的物质空间，是人居环境的重要形态，是城乡生产和生活活动的空间载体。城乡建设不仅是物质空间建设活动，也是形成绿色发展方式和绿色生活方式的行动载体。当前我国城乡建设与实现"五位一体"总体布局的要求，存在着发展不平衡、不协调、不可持续等突出问题。一是整体性缺乏。城市规模扩张与产业发展不同步、与经济社会发展不协调、与资源环境承载力不适应；城市与乡村之间、城市与城市之间、城市与区域之间的发展协调性、共享性不足，城镇化质量不高。二是系统性不足。生态、生产、生活空间统筹不够，资源配置效率低下；城乡基础设施体系化程度低、效率不高，一些大城市"城市病"问题突出，严重制约了推动形成绿色发展方式和绿色生活方式。三是包容性不够。城乡建设"重物不重人"，忽视人与自然和谐共生、人与人和谐共进的关系，忽视城乡传统山水空间格局和历史文脉的保护与传承，城乡生态环境、人居环境、基础设施、公共服务等方面存在不少薄弱环节，不能适应人民群众对美好生活的需要，既制约了经济社会的可持续发展，又影响了人民群众安居乐业，人民群众的获得感、幸福感和安全感不够充实。因此，我们必须推动"致力于绿色发展的城乡建设"，建设美丽城镇和美丽乡村，支撑经济社会持续健康发展。

我们应该认识到，城乡建设是国民经济的重要组成部分，是全面推动绿色发展的重要战场。过去城乡建设工作重速度、轻质量，重规模、轻效益，重眼前、轻长远，形成了"大量建设、大量消耗、大量排放"的城乡建设方式。我国每年房屋新开工面积约 20 亿平方米，消耗的水泥、玻璃、钢材分别占全球总消耗量的 45%、40% 和 35%；建筑能源消费总量逐年上升，从 2000 年 2.88 亿吨标准煤，增长到 2017 年 9.6 亿吨标准煤，年均增长 7.4%，已占全国能源消费总量的 21%；北方地区集中采暖单位建筑面积实际能耗约 14.4 千克标准煤；每年产生的建筑垃圾已超过 20 亿吨，约占城市固体废弃物总量的 40%；城市机动车排放污染日趋严重，已成为我国空气污染的重要来源。此外，房地产业和建筑业增加值约占 GDP 的 13.5%，产业链条长，上下游关联度高，对高能耗、高排放的钢铁、建材、石化、有色、化工等产业有重要影响。因此，推动"致力于绿色发展的城乡建设"，转变城乡建设方式，推广适于绿色发展的新技术新材料新标准，建立相适应的建设和监管体制机制，对促进城乡经济结构变化、促进绿色增长、全面推动形成绿色发展方式具有十分重要的作用。

时代是出卷人，我们是答卷人。面对新时代新形势新任务，尤其是发展观的深刻革命和发展方式的深刻转变，在城乡建设领域重点突破、率先变革，推动形成绿色发展方式和生活方式，是我们责无旁贷的历史使命。

推动"致力于绿色发展的城乡建设"，走高质量发展新路，应当坚持六条基本原则。一是坚持人与自然和谐共生原则。尊重自然、顺应自然、保护自然，建设人与自然和谐共生的生命共同体。二是坚持整体与系统原则。统筹城镇和乡村建设，统筹规划、建设、管理三大环节，统筹地上、地下空间建设，不断提高城乡建设的整体性、系统性和生长性。三是坚持效率与均衡原则。提高城乡建设的资源、能源和生态效率，实现人口资源环境的均衡和经济社会生态效益的统一。四是坚持公平与包容原则。促进基础设施和基本公共服务的均等化，让建设成果更多更公平惠及全体人民，实现人与人的和谐发展。五是坚持传承与发展原则。在城乡建设中保护弘扬中华优秀传统文化，在继承中发展，彰显特色风貌，让居民望得见山、看得见水、记得住乡愁。六是坚持党的全面领导原则。把党的全面领导始终贯穿"致力于绿色发展的城乡建设"的各个领域和环节，为推动形成绿色发展方式和生活方式提供强大动力和坚强保障。

推动"致力于绿色发展的城乡建设",关键在人。为帮助各级党委政府和城乡建设相关部门的工作人员深入学习领会习近平生态文明思想,更好地理解推动"致力于绿色发展的城乡建设"的初心和使命,我们组织专家编写了这套以"致力于绿色发展的城乡建设"为主题的教材。这套教材聚焦城乡建设的12个主要领域,分专题阐述了不同领域推动绿色发展的理念、方法和路径,以专业的视角、严谨的态度和科学的方法,从理论和实践两个维度阐述推动"致力于绿色发展的城乡建设"应当怎么看、怎么想、怎么干,力争系统地将绿色发展理念贯穿到城乡建设的各方面和全过程,既是一套干部学习培训教材,更是推动"致力于绿色发展的城乡建设"的顶层设计。

专题一:明日之绿色城市。面向新时代,满足人民日益增长的美好生活需要,建设人与自然和谐共生的生命共同体和人与人和谐相处的命运共同体,是推动致力于绿色发展的城市建设的根本目的。该专题剖析了"城市病"问题及其成因,指出原有城市开发建设模式不可持续、亟需转型,在继承、发展中国传统文化和西方人文思想追求美好城市的理论和实践基础上,提出建设明日之绿色城市的目标要求、理论框架和基本路径。

专题二:绿色增长与城乡建设。绿色增长是不以牺牲资源环境为代价的经济增长,是绿色发展的基础。该专题阐述了我国城乡建设转变粗放的发展方式、推动绿色增长的必要性和迫切性,介绍了促进绿色增长的城乡建设路径,并提出基于绿色增长的城市体检指标体系。

专题三:城市与自然生态。自然生态是城市的命脉所在。该专题着眼于如何构建和谐共生的城市与自然生态关系,详细分析了当代城市与自然关系面临的困境与挑战,系统阐述了建设与自然和谐共生的城市需要采取的理念、行动和策略。

专题四:区域与城市群竞争力。在全球化大背景下,提高我国城市的全球竞争力,要从区域与城市群层面入手。该专题着眼于增强区域与城市群的国际竞争力，分析了致力于绿色发展的区域与城市群特征，介绍了如何建设具有竞争力的区域与城市群，以及如何从绿色发展角度衡量和提高区域与城市群竞争力。

专题五：城乡协调发展与乡村建设。绿色发展是推动城乡协调发展的重要途径。该专题分析了我国城乡关系的巨变和乡村治理、发展面临的严峻挑战，指出要通过"三个三"（即促进一二三产业融合发展，统筹县城、中心镇、行政村三级公共服务设施布局，建立政府、社会、村民三方共建共治共享机制），推进以县域为基本单元就地城镇化，走中国特色新型城镇化道路。

专题六：城市密度与强度。城市密度与强度直接影响城市经济发展效益和人民生活的舒适度，是城市绿色发展的重要指标。该专题阐述了密度与强度的基本概念，分析了影响城市密度与强度的因素，结合案例提出了确定城市、街区和建筑群密度与强度的原则和方法。

专题七：城乡基础设施效率与体系化。基础设施是推动形成绿色发展方式和生活方式的重要基础和关键支撑。该专题阐述了基础设施生态效率、使用效率和运行效率的基本概念和评价方法，指出体系化是提升基础设施效率的重要方式，绿色、智能、协同、安全是基础设施体系化的基本要求。

专题八：绿色建造与转型发展。绿色建造是推动形成绿色发展方式的重要领域。该专题深入剖析了当前建造各个环节存在的突出问题，阐述了绿色建造的基本概念，分析了绿色建造和绿色发展的关系，介绍了如何大力开展绿色建造，以及如何推动绿色建造的实施原则和方法。

专题九：城市文化与城市设计。生态、文化和人是城市设计的关键要素。该专题聚焦提高公共空间品质、塑造美好人居环境，指出城市设计必须坚持尊重自然、顺应自然、保护自然，坚持以人民为中心，坚持以文化为导向，正确处理人和自然、人和文化、人和空间的关系。

专题十：统筹规划与规划统筹。科学规划是城乡绿色发展的前提和保障。该专题重点介绍了规划的定义和主要内容，指出规划既是目标，也是手段；既要注重结果，也要注重过程。提出要通过统筹规划构建"一张蓝图"，用规划统筹实施"一张蓝图"。

专题十一：美好环境与幸福生活共同缔造。美好环境与幸福生活共同缔造，是促进人与自然和谐相处、人与人和谐相处，构建共建共治共享的社会治理格局的重要工作载体。该专题阐述了在城乡人居环境建设和整治中开展"美好环境与幸福生活共同缔造"活动的基本原则和方式方法，指出"共同缔造"既是目的，也是手段；既是认识论，也是方法论。

专题十二：政府调控与市场作用。推动"致力于绿色发展的城乡建设"，必须处理好政府和市场的关系，以更好发挥政府作用，使市场在资源配置中起决定性作用。该专题分析了市场主体在"致力于绿色发展的城乡建设"中的关键角色和重要作用，强调政府要搭建服务和监管平台，激发市场活力，弥补市场失灵，推动城市转型、产业转型和社会转型。

绿色发展是理念，更是实践；需要坐而谋，更需起而行。我们必须坚持以习近平新时代中国特色社会主义思想为指导，坚持以人民为中心的发展思想，坚持和贯彻新发展理念，坚持生态优先、绿色发展的城乡高质量发展新路，推动"致力于绿色发展的城乡建设"，满足人民群众对美好环境与幸福生活的向往，促进经济社会持续健康发展，让中华大地天更蓝、山更绿、水更清、城乡更美丽。

王蒙徽

2019 年 4 月 16 日

前言

全球化加速驱动着世界各地的工业化与城市化进程，带来了大规模的城乡建设，使得全球各城市均面临着资源环境的挑战。20世纪90年代罗马俱乐部提出的"增长的极限"对全球资源枯竭和环境衰退等抱有深深的忧虑，推动了21世纪全球可持续发展的浪潮，推动着城乡建设方式转型。

改革开放以来，我国城乡建设突飞猛进，人民生活也在不断提高，城乡环境发生了翻天覆地的变化。但是，粗放的发展方式导致土地浪费、耕地侵蚀、环境污染和生态破坏等问题，也导致城乡建设与资源环境承载力不适应、与经济社会发展不协调，不能满足人民群众对美好生活的需要。

面对新时代、新要求，习近平总书记提出了"创新、协调、绿色、开放、共享"的新发展理念。"绿色发展是新发展理念的重要组成部分，与创新发展、协调发展、开放发展、共享发展相辅相成、互相作用，是全方位变革，是构建高质量现代化经济体系的必然要求，目的是改变传统的'大量生产、大量消耗、大量排放'的生产模式和消费模式，使资源、生产、消费等要素相匹配相适应，实现经济社会发展和生态环境保护协调统一、人与自然和谐共处。"实际上，绿色发展贯穿于国民经济与人民群众生活始终。

绿色增长就是落实习近平总书记提出的绿色发展观念，在确保生态环境能够持续为人类福祉提供所依赖的各种资源和环境服务的同时，通过生产方式和生活方式转变，促进经济增长，是一种新的、可持续的增长模式。

绿色增长是一个经济结构动态转变的过程，是人口、产业、资源、生态和环境等多种要素相互交织、共同驱动的结果。但是，由于经济结构存在着强大的惯性，唯有政府与市场两种力量共同推动，才能实现结构转变，实现经济的可持续转型与包容性增长。

城乡建设，一方面是生产要素空间配置的结构性变化过程，另一方面是社会结构、经济结构、生态环境结构的变化体现。政府对城乡建设的引导与管理是资源配置的一种机制。因此，我们需要特别重视城乡建设的方式，使其有利于推动社会和经济结构的转变，促进绿色增长。

改革开放40多年来，我国每次新的资源配置模式变化，都以城乡建设的变化为先导。国家过去通过建设开发区和高新区，配置人口与产业，而今国家创造性建设自由贸易区，开创了新的资源配置模式。每次我们通过制度性建设，将制度落实在空间上，进而推动空间结构变化，最终推动经济结构变化。同时，城乡人民生活也在变化。最早我们以自行车为主要出行方式，之后小汽车逐渐成为主导，而今公共交通导向发展模式（Transit-Oriented Development，简称TOD）引领着绿色出行与绿色发展，成为人民日常生活的一部分。如今，绿色生产与绿色消费逐渐成为城乡建设的主流，因此，城乡建设需要通过转型使得经济发展更加高效，使得人民生活更加美好。

城乡建设是国家进行经济结构调整的手段，特别是国家实施财政政策的重要手段。在面临经济环境下行压力时，国家往往通过投资基础设施拉动投资，促进消费，为新一轮的经济增长打下坚实基础。高速公路、高速铁路和城市各项基础设施建设等，极大地促进经济稳定与发展。乡村振兴中的基础设施建设也将有力地推动乡村建设和发展。

城乡建设方式转型必须转向绿色增长。城乡建设是资源环境消耗最大的经济活动。在快速城市化背景下，我国依然是全球资源消耗的大户。可循环、再利用、新能源等理念将成为未来城乡建设的材料、手段和技术创新的主导方向。这不仅仅能够促进国民经济增长，而且能驱动技术创新。从需求的角度看绿色增长涉及群众身边的各种消费，城乡建设为绿色消费提供基础设施，为绿色发展落实空间。

本书分为五章。第一章界定绿色增长和城乡建设的概念，并阐释了二者之间的关系。在当前我国经济增长方式向绿色增长转型过程中，城乡建设作为重要的物质空间建设活动和国民经济中重要的组成部分，是绿色增长的空间载体，承载或制约着绿色增长；同时也是全面推动绿色增长的重要战场，极大地影响经济增长方式的转变。

第二章浅析当前城乡建设方式转型的挑战，包括："硬拼"资源环境、"蛮拼"要素成本、"豪拼"经济投资和"见物不见人"的城乡建设方式。这种粗放型城乡建设方式已经不可持续，其承载和形成的经济增长也无以为继。

第三章针对城乡建设方式转型，概要介绍和讨论了基于绿色增长的城乡建设转型路径，并进行相关的案例分析。主要从七个维度进行探讨，一是建设基于绿色增长的小流域单元；二是建设智慧城市；三是建设美好环境；四是转变和完善城乡基础设施结构体系；五是推动老旧小区改造；六是推动绿色生活；七是创新绿色建筑新技术、新材料、新标准。

第四章从经济、政治、文化、社会和生态等多方面着手，将基于绿色增长的城乡建设分解为可度量的指标，构建一套"基于绿色增长的城市建设体检与评估体系"。旨在为城市建设决策者提供研判、评价依据，推动城市建设方式转型，建设没有"城市病"的城市，促进绿色增长。

"他山之石可以攻玉"。第五章主要介绍了哥本哈根绿色城市建设、厦门软件园等五个案例。这些成功的案例表明，各个城市都根据自身的实际情况，提出并实践基于绿色增长的城市建设策略和方法，普遍取得了生态环境优美、经济发展持续健康的良好成果。这为我们推动城乡建设方式的转型，促进绿色增长，提供了有益借鉴。

目录

01 绿色增长与城乡建设 ······ 1

1.1 绿色增长 ······ 2
1.2 城乡建设 ······ 7
1.3 城乡建设是全面推动绿色增长的主要载体 ······ 9
1.4 城乡建设是全面推动绿色增长的重要战场 ······ 14

02 城乡建设转型面临的挑战 ······ 23

2.1 "硬拼"资源环境难以为继 ······ 24
2.2 "蛮拼"要素成本毫无优势 ······ 28
2.3 "豪拼"经济投资不可持续 ······ 30
2.4 大拆大建"见物不见人"矛盾突出 ······ 32

03 基于绿色增长的城乡建设路径 ······ 35

3.1 绿水青山就是金山银山，构建基于绿色增长的小流域单元 ··· 36
3.2 建设智慧城市，促进绿色增长 ······ 40
3.3 建设美好环境，促进产业转型升级 ······ 45
3.4 推动城乡基础设施结构转变 ······ 51
3.5 推动老旧小区改造，节能降耗提升品质 ······ 56
3.6 推动绿色生活，促进循环经济 ······ 60
3.7 创新绿色建筑新技术、新材料、新标准 ······ 65

04 基于绿色增长的城市建设体检与评估 ········· 71

　4.1　建设"没有城市病"的城市 ············· 72
　4.2　城市体检指标选取原则 ················ 74
　4.3　城市体检指标体系 ···················· 75
　4.4　城市体检的发展方向 ·················· 77

05 案例 ·· 81

　5.1　哥本哈根的绿色增长与城乡建设 ········· 82
　5.2　优化空间资源配置，推动社会经济转型：厦门市软件园二期··· 86
　5.3　利益相关者推动垃圾减量经济：日本横滨案例 ········· 94
　5.4　重庆市璧山区以"生态优先、绿色发展"推动产业转型升级··· 97
　5.5　加拿大依诺维斯塔生态园区案例 ············· 102

　主要参考文献 ································· 106

　后记 ··· 108

01

绿色增长与城乡建设

- 本章提出绿色增长与城乡建设的概念,并阐释二者之间的关系。

- 绿色增长是落实习近平总书记提出的绿色发展观,在确保自然生态环境能够持续为人类福祉提供所依赖的各种资源和环境服务的同时,通过生产方式和生活方式转变,促进经济增长,是一种新的经济增长方式。

- 城乡建设是重要的物质空间建设,关系到城乡功能的良好运行,承载或制约着城乡经济活动及其增长,它与群众日常生活息息相关;城乡建设是国民经济的重要组成部分,是重要的经济活动。

- 在传统经济增长向绿色增长转型过程中,城乡建设作为重要的物质空间建设活动和国民经济中重要的经济活动,是绿色增长的空间载体,承载或制约着绿色增长;同时,也是全面推动绿色增长的重要战场,极大影响着经济增长方式的转变。

1.1 绿色增长

1.1.1 日益恶化的自然生态环境催生"绿色增长"方式

18世纪中期"工业革命"后的200多年间,全球工业化的国家实现了高速经济增长,但也为自然资源和生态环境埋下重大隐患。进入20世纪中后期,全球工业化和现代化进程进一步加速,环境污染和生态破坏更是日趋严重,经济增长与生态环境的冲突日益尖锐(图1-1)。

20世纪中期,资源、环境、人口等问题日益尖锐和全球化,多个国家开始尝试以环境为中心制定绿色经济策略,协调经济增长和环境的可持续性。联合国环境规划署、经济合作与发展组织等国际组织先后发起绿色增长倡议和宣言,欧盟和亚太经合组织也将绿色增长列为优先议题;特别是2008年爆发全球金融危机后,一些国家更是把开发新能源、发展低碳产业作为重振经济的重要动力。

2009年,经济合作与发展组织(Organization for Economic Co-operation and Development,简称OECD)接受其各成员国委托,开

图1-1 日益恶化的自然生态环境

始基于国家或地区、城市的"绿色增长"策略的研究,并陆续发表多个绿色增长的报告宣言。在 2011 年的报告中,经济合作与发展组织对"绿色增长"加以定义:

"为确保大自然在经济增长的同时,继续向人类馈赠赖以生存的资源和环境,必须刺激有关的投资和创新,以加强经济的可持续发展,以及扩展新的经济发展机会。"

报告同时指出,绿色增长是可持续发展的一个组成部分,而不是它的替代品。它关注可持续发展的三大支柱中的两大支柱:经济效益和环境保护,而没有关注社会公平方面。同时,绿色增长更加注重通过技术手段促进发展的低碳经济,以及追求全过程、全物质能源再利用的循环经济。

1.1.2 中国经济发展中的问题

自改革开放以来,中国只用了短短 30 多年,就达到了西方国家用 200 多年才实现的城镇化成就,走出了具有中国特色的波澜壮阔的城市发展之路,取得举世瞩目的成就。[1]

然而,在中国快速发展的背后,资源消耗大量增长。

2004 年,中国 GDP 增速 9.1%,全年创造 GDP 占世界经济总量 4%,消耗了全球总产量 30% 的主要能源和原材料,其中石油为 7.4%,原煤为 31%,钢材为 27%,氧化铝为 25%,水泥为 40%。

2014 年,中国 GDP 总额为 64.13 万亿元,约合 10.38 万亿美元,占全球 GDP 总额的 13.4%,生产和消耗的原材料总量惊人,其中,水泥产量 24.76 亿吨,占全球总产量的 60%;粗钢产量 8.227 亿吨,占全球总产量的 50%;煤炭产量 38.7 亿吨,占全球总产量的 50%(图 1-2)。

---

[1] 从 1978 年到 2017 年,我国国内生产总值按不变价计算增长 33.5 倍,年均增长 9.5%,平均每 8 年翻一番,远高于同期世界经济 2.9% 左右的年均增速,在全球主要经济体中名列前茅。

数据来源:国家统计局。

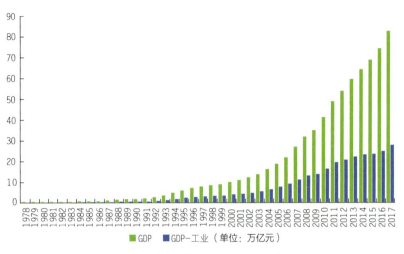

图 1-2　1978—2017 年我国 GDP 和工业 GDP

1.1.3 "绿色发展"革命

资源消耗大量增长及其带来的相关问题，引发政府和社会各界的广泛关注。党的十八大以来，党和国家将"绿色发展"作为新发展理念的重要组成部分，习近平总书记多次强调：

"全面推动绿色发展。绿色是生命的象征、大自然的底色，更是美好生活的基础、人民群众的期盼。绿色发展是新发展理念的重要组成部分，与创新发展、协调发展、开放发展、共享发展相辅相成、互相作用，是全方位变革，是构建高质量现代化经济体系的必然要求，目的是改变传统的'大量生产、大量消耗、大量排放'的生产模式和消费模式，资源、生产、消费等要素相匹配相适应，实现经济社会发展和生态环境保护协调统一、人与自然和谐共处。"

"推动形成绿色发展方式和生活方式，是发展观的一场深刻革命。这就要坚持和贯彻新发展理念，正确处理经济发展和生态环境保护的关系，像保护眼睛一样保护生态环境，像对待生命一样对待生态环境，坚决摒弃损害甚至破坏生态环境的发展模式，坚决摒弃以牺牲生态环境换取一时一地经济增长的做法，让良好生态环境成为人民生活的增长点、成为经济社会持续健康发展的支撑点、成为展现我国良好形象的发力点，让中华大地天更蓝、山更绿、水更清、环境更优美。"

"加快形成绿色发展方式，是解决污染问题的根本之策。只有从源头上使污染物排放大幅降下来，生态环境质量才能明显好上去。重点是调结构、优布局、强产业、全链条。调整经济结构和能源结构，既提升经济发展水平，又降低污染排放负荷。对重大经济政策和产业布局开展规划环评，优化国土空间开发布局，调整区域流域产业布局。"

"培育壮大节能环保产业、清洁生产产业、清洁能源产业，发展高效农业、先进制造业、现代服务业。推进资源全面节约和循环利用，实现生产系统和生活系统循环链接。"

"绿色生活方式涉及老百姓的衣食住行。要倡导简约适度、绿色低碳的生活方式，反对奢侈浪费和不合理消费。广泛开展节约型机关、绿色家庭、绿色学校、绿色社区创建活动，推广绿色出行，通过生活方式绿色革命，倒逼生产方式绿色转型。"[1]

---

1 习近平:《推动我国生态文明建设迈上新台阶》，《求是》2019年第3期。

1.1.4 在绿色发展观指导下的"绿色增长"

绿色发展观下的绿色增长，以人民为中心，满足人民日益增长的美好生活需要，实现生态环境保护与经济社会发展协调统一，实现人与自然、人与人和谐共处，是一种新的经济增长的方式。

绿色增长是实现习近平总书记提出的"人与自然是生命共同体"理念的经济增长。自然生态环境与人息息相关，牺牲自然生态环境发展就是牺牲我们自己，中华民族将不可永续。自然生态环境的承载力是有限的，对经济的承载力也是有限和稀缺的，以牺牲生态环境发展促进增长是不可持续的。

绿色增长是落实习近平总书记"五位一体"总体布局下高质量发展的经济增长。经济建设是政治建设、文化建设、社会建设、生态文明建设的基础；生态文明建设要融入经济建设、政治建设、文化建设、社会建设各方面和全过程。绿色增长是综合的、全面的经济增长。

绿色增长是一种新的经济增长方式。传统的"大量生产、大量消耗、大量排放"的生产模式和消费模式，是依赖资源环境资本和劳动等要素投入实现的增长，是投资驱动型的粗放式经济增长模式。而绿色增长是通过经济结构和产业技术的调整，通过生产方式和生活方式的转变，提升全要素生产率而实现的经济增长，是创新驱动型的内涵增长模式。绿色增长的目标是最终实现经济社会发展和生态环境保护协调统一，人与自然和谐共处。

因此，具体而言，绿色增长就是落实习近平总书记提出的绿色发展观，在确保自然生态环境能够持续为人类福祉提供所依赖的各种资源和环境服务的同时，通过生产方式和生活方式转变，促进经济增长，是一种新的经济增长方式，最终实现经济社会发展和生态环境保护协调统一，人与自然和谐共处。

专栏：全球环境和气候威胁

正如经济合作与发展组织于2008年发布的《2030年环境展望》所述：

预计到2030年，全球温室气体排放量将进一步增长37%，到2050年增长52%。这可能造成2050年全球气温超过工业化前水平1.7~2.4℃，导致热浪、干旱、风暴和洪水增加，并对包括关键基础设施和农作物在内的物质资本造成严重损害。

相当数量的动植物物种可能面临灭绝。粮食和生物燃料生产需要的耕地将增加10%，从而进一步减少野生动物的栖息地。生物多样性的持续丧失可能会限制地球提供有价值的生态系统服务以支持经济增长和人类福祉的能力。

空气污染对健康的影响将在世界范围内增加，与地面臭氧有关的过早死亡人数将增加两倍，与颗粒物有关的过早死亡人数将增加一倍以上。其他形式的污染也将导致土地、饮用水供应和海洋的恶化，使重要的鱼类资源面临风险。

由于水资源的不可持续使用和管理以及气候变化，水资源稀缺性将进一步恶化。

1.2 城乡建设

城乡建设通过建设工程对城乡人居环境进行改造，对城乡系统内各物质设施进行建设。城乡建设是重要的物质空间建设，影响着城乡经济活动，使得城市功能运行和发挥作用。城乡建设是经济活动，推动城市社会发展和其他部门经济增长。城乡建设与群众的日常生活息息相关。

1.2.1 城乡建设主要包括土地开发、基础设施建设和房屋的开发建设（人居环境）

（1）城乡建设的土地开发是政府通过城乡建设规划、建设用地储备、基础设施与公共服务设施投入，引导市场主体投资与建设

如我国各地的开发区、新城、科学城、创新社区与创新城区、生态产业园建设等，都是在城市发展的不同阶段，为承载相应发展需求而进行的城乡建设活动。在这个过程中，城乡建设改变了城市的空间结构，承载新的产业类型的发展，实现生产要素的合理配置，并逐步提升人民的生活环境。

（2）城乡建设涵盖了城乡基础设施建设和城乡房屋建设，城乡建设围绕建设生产活动的全过程来开展

如各类生产和生活用房等的建造，各种构筑物如铁路、公路桥梁、水塔、影剧院、公共设施、运动场等的建造，以及各种机器设备的安装，各种房屋、构筑物的维修更新和与建造对象有关的工程地质勘查及设计等。城乡建设是一个不断完善的、复杂的、系统的过程。城乡建设与国民经济中的许多部门和行业息息相关，建材、设备、机械、冶金、仪表、森工、化塑、燃料动力等物质生产部门为城乡建设提供物质资料。

（3）城乡建设建造了人居环境

城乡建设建造了住房、小区、城乡基础设施、公共服务设施，以及文化教育、卫生体育等设施，为改善人民生活提供物质基础，同时也是直接为满足人民的物质文化生活需要服务的。

1.2.2 城乡建设是一种经济活动，带动相关产业发展

城乡建设与建筑业、房地产业紧密相关，间接推动就业岗位的创造，带动相关产业发展。从城乡建设的涵盖范围可知，城乡建设与建筑业、房地产业紧密相关。建筑业属于劳动密集型产业，吸纳了大量农村剩余劳动力和城市再就业人口，建筑业就业人口占总就业人口的6%~8%。房地产业是从事房地产开发、经营和管理等各类经济活动的行业，包括土地开发和再开发，房屋开发和供应，地产和房地产的买卖、租赁、抵押、典当，房屋的养护、维修、绿化、环境等服务性管理。房地产业以第三产业特征为主，同样吸纳了数量可观的劳动力。城乡建设通过建筑业和房地产业，间接推动就业岗位的创造。与此同时，建筑业和房地产业通过前向关联、后向关联，带动了大量相关产业的发展。

1.2.3 城乡建设是群众身边的事情

（1）群众生活的人居环境由城乡建设所建造

城乡建设建造了城乡基础设施、文化教育、卫生体育及居民住宅等非固定资产，为改善人民生活提供物质基础，同时也是直接为满足人民的物质文化生活需要服务的。群众生活的物质和精神环境与城乡建设密切相关，人居环境由城乡建设所建造。

（2）城乡建设是群众能切实有获得感的事情

高低错落、尺度宜人的街头巷尾，承载家庭、遮风避雨的住宅，散步游憩的公园绿地，保障基本生存的水电等市政设施，通勤旅游出行使用的各类交通设备设施，如公路、桥梁、巴士站、汽车客运站、地铁、铁路、高铁站、机场等成果，无一不是与群众日常生活息息相关。

1.3 城乡建设是全面推动绿色增长的主要载体

城镇和乡村,是经济社会发展的物质空间,是人居环境的重要形态,是城乡生产和生活活动的空间载体。城乡建设不仅是物质空间建设活动,也是推动形成绿色增长方式和绿色生活方式的主要载体。

1.3.1 城乡建设塑造空间结构,影响经济社会活动

在改革开放初期,我国凭借土地和劳动力的成本优势,吸引外资,发展出口导向型产业。为发展新的产业类型,引进新的企业,需要开辟新的土地作为空间载体。由此,有条件的城市会在原有城市之外,划定一片新的土地,作为经济开发区。[1] 通过土地、税收、基础设施建设等方面的优惠和配套条件,进行招商引资,为整体城市的发展注入新的动力。但这个时期的开发区建设,可能形成产城割裂、用地低效的开发模式(图1-3)。

[1] 开发区的例子包括深圳蛇口工业区(1979年成立)、广州经济技术开发区(1984年成立)、天津经济技术开发区(1984年成立)、重庆经济技术开发区(1993年成立)等。

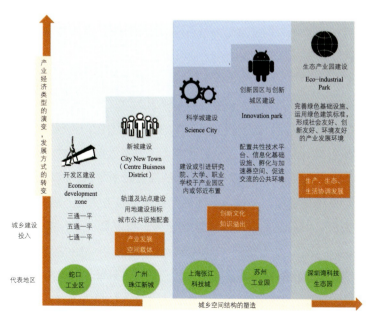

图1-3 城乡建设承载产业的发展,体现发展方式的转变

在区域或城市的第二产业发展到一定阶段后，所在生产企业对生产性服务的需求增加，生产性服务业的分工水平与专业化水平也不断提高。中介机构（如律师、会计、资产评估等）、金融机构等专业服务业机构，逐渐对区域内的中心城市产生空间需求。此外，随着人们收入水平提高、消费水平提升，对于品质化消费与居住空间的需求也加大。具备经济与产业基础的城市通过配给相应的用地指标，形成相应的功能引导、建设轨道等公共交通设施及站点，推动新城开发，来承载生产性服务业与生活性服务业的发展。新城开发的行为，又一次塑造了城市的空间结构。然而，新城的培育与建设需要顺应市场的发展需求，在市场动力不足的时候，新城的发展也会相应乏力。

出口加工业逐步为城乡区域发展培育了产业链配套基础，并提升了当地劳动力的技能水平，使地方经济发展水平得到提升，土地成本与劳动力成本也逐渐提高。此时，仅仅依靠劳动密集型或资源密集型的生产方式，发展将难以为继。为提升当地的生产技术水平，有条件的城市进行科学城建设。[1] 通过划定一定区域，形成面向未来的产业引导方向，把产业发展与具备科研能力的高校联系起来或就近布置，或者以政企合作等模式开办职业学校，通过政府资金建设公共技术平台，或在有条件的地区建设大型科研设施等方式，为本地生产技术的提升注入能量，以促进本地企业升级转型。

为鼓励创新人才自主创业，具备技术人才、产业人才、创新人才基础的城市，通过打造创新园区，或建设创新城区，为创新创业提供公共服务与办公、研发、企业孵化空间，以降低创新人才与团队的双创成本。在创新园区，[2] 政府通过提供共性技术平台、信息化基础设施、企业孵化空间、小试—中试生产空间、交流空间、路演空间等，配套提供公共行政服务、人才综合服务，引进面向双创的专业服务（如风投、贷款、企业注册、知识产权认证等），为初创企业的发展提供配套支持。创新城区则是在更大的范围内，形成人才友好的综合配套、交流环境，以吸引创新型企业与人才进入，促进多样人才与企业交流的活力城区建设。

---

1 科学城建设的例子包括合肥科学岛（1998年开始发展）、北京怀柔科学城（2009年开始发展）、上海张江科学城（2011年成立）、大连软件园（1998年奠基）、广州科学城（1998年奠基）等。

2 创新园区的例子包括厦门软件园二期、佛山南海瀚天科技城、深圳高科创新产业园等。创新城区如深圳南山区等。

随着对环境质量的重视程度不断提升，"绿水青山就是金山银山"逐渐成为深入人心的发展理念。宜人的生态环境，如洁净的水系、清新的空气等，也是新时期吸引创新企业与人才的必备条件。为引导传统制造业向环境友好方向进行技术提升与转型、引进环境友好的产业、降低生产企业的生产能耗等，建设生态型产业园[1]逐渐成为城乡建设的选择。通过建设海绵城市等绿色基础设施，制定园区绿色建筑标准、企业耗能标准，实现生态产业园区从建设到运营零废弃物排放的最终目标。

[1] 生态产业园的例子包括深圳湾科技生态园、揭阳中德金属生态城、丹麦卡伦堡生态工业园、日本北九州生态工业园等。

1.3.2 政府能够通过城乡建设引导市场发展，驱动绿色增长

（1）通过城乡建设规划与基础设施建设，形成紧凑、混合、绿色的开发建设模式，能有效承载绿色增长

紧凑的城市形态特征，包括集中的用地发展模式、公共交通系统的高连接性，以及公共服务与就业机会的高可达性（表1-1）。形成紧凑、混合、绿色的开发建设模式，能够产生经济、环境、社会的正面效应。在经济方面，表现为更能有效共享基础设施、土地资源具有更高的产出效率。在环境方面，则能够减少钟摆交通，从而降低交通碳排放量，并对城外农田与生态系统形成维护。在社会方面，能够让居民更充分、便捷地享受城市公共服务设施。

紧凑的城市形态的特征 表1-1

集中发展情况	公共交通系统连接性	公共服务与就业空间分布情况
城市用地集中开发，城市组团的邻近或紧密连接，城乡用地边界明显，公共用地有所保证	公共交通系统能有效促进城乡地区的资源流动	混合城市用地，大多数居民在步行范围或公共交通可达范围内就可以享受到当地公共服务

资料来源：OECD, "Green Growth in Cities, OECD Green Growth Studies", OECD Publishing（2013），http://dx.doi.org/10.1787/9789264195325-en

在具体操作中,可通过以绿色建设为标准的旧城更新,建设生态友好发展区,实现紧凑、混合、绿色的开发建设模式。在旧城改造和生态区建设中,通过政府投入或建设资金撬动,完善绿色基础设施建设(包括市政管网、环卫设施、治污设施、绿地体系、路网体系),对于形成绿色生活与消费模式、推动环境友好的生产模式、承载地方的绿色增长非常重要(图1-4)。

图1-4 重庆璧山区建设的生态停车场及标准垃圾收集站

(2)通过公共交通体系的完善,鼓励低碳出行

公共交通体系的完善能够对地方的绿色增长形成两方面的效益,其一是减少机动车交通带来的碳排放量,其二是让地方企业能够获得更广泛劳动力市场的可达性。

公共交通体系需要与用地发展结合,共同形成TOD或"新市镇"开发模式,才能发挥其促进绿色发展的作用。TOD的开发模式是指,围绕轨道交通站点,形成聚集人流的高强度用地开发模式,布局商业、办公、居住空间,并配备社会停车场、公交总站等。"新市镇"的开发模式是指,通过轨道公共交通疏散部分城市中心区的功能,围绕轨道交通站点有序发展居住、工作、游憩功能完备且规模适度的城镇区域,缓解城市中心区住房与城市空间紧张的压力。

> **专栏：公共交通的建设带来的经济与环境效益**[1]
>
> 完善的公共交通系统，可以改善城市的环境质量，以及提升当地居民与企业之间的可达性，使得企业能够与更大范围的劳动力市场联系。
>
> 在美国城市，公路运输是二氧化碳排放的第二大因素，占城市二氧化碳排放总量的29%。[2] 在更多人使用公共交通通勤的城市，人均二氧化碳排放量往往较低，而在更多使用私人小汽车通勤的城市，人均二氧化碳排放量往往更高。[3]
>
> 在2010年，芝加哥大都市区每个私家车通勤者的拥堵成本为1568美元，因拥堵造成的损失总额为23.17亿美元。而由于卡车延误造成的拥堵成本，芝加哥在美国大都市区中排名最高，在2010年达到23亿美元。[4]
>
> 公共交通与紧凑用地开发模式的结合，也很有必要。欧洲的数据显示，在密度更高的城市中，人们通过公共交通工具上下班的比例较高，通勤距离较短，通勤时间较少。[5]

（3）提供知识型基础设施，鼓励绿色经济发展

绿色产业部门是地方实现绿色增长的重要动力来源。绿色产业部门是指生产绿色产品与服务的部门。绿色产品和服务是指那些减少负面环境外部性以及对自然资源和自然环境功能的影响的产品和服务。绿色技术和其他绿色产业相关活动的发展，是使得本地在已有产业基础之上寻求新一轮发展的契机，也是形成本地绿色产业专业化集群的机会。[6]

城市可以通过提供有效的面向绿色产业部门发展的知识型基础设施，如引进研究机构并投资研究活动，设立相关技能培训机构，建设中小企业（SME）交流中心以促进他们参与知识网络。斯德哥尔摩希斯塔科学城就是一个很好的例子，作为一个公共支持的创新中心，将大学研究与私人商业联系起来，同时提供多种绿色创新相关的私有商业业务。

---

1 OECD, "Green Growth in Cities, OECD Green Growth Studies", OECD Publishing （2013）, http://dx.doi.org/10.1787/9789264195325-en.

2 同上。

3 U.S. Bureau of Economic Analysis, "American Population Census", 2012, https://www.bea.gov/.

4 Texas A&M Transportation Institute, "Urban Transport station", 2011, https://tti.tamu.edu/.

5 EU, "Europe in Figures: Eurostat yearbook2012", 2012, https://ec.europa.eu/eurostat/.

6 OECD, "Green Growth in Cities, OECD Green Growth Studies", OECD Publishing （2013）, http://dx.doi.org/10.1787/9789264195325-en.

案例：巴黎法兰西岛的绿色创新集群[1]

绿色创新集群（Advancity）是清洁技术和可持续城市发展的主要集群，位于巴黎法兰西岛。这里主要有研究领域为城市生态、机动性和土地土壤的各类组织，涵盖了130多个实验室和约3000名研究人员的约20所高等教育和研究机构。这个集群还汇集了近100家企业，其中包括11家大公司，近50家中小企业，以及20多个地方政府机构，吸引了十几家法国和国际领先的建筑行业、运输和水管理公司在此落户。

---

[1] OECD, "Green Growth in Cities, OECD Green Growth Studies", OECD Publishing（2013）, http://dx.doi.org/10.1787/9789264195325-en.

1.4 城乡建设是全面推动绿色增长的重要战场

1.4.1 建筑与房地产业是国民经济的重要组成部分

城乡建设是国民经济的重要组成部分，城乡建设主要包括国民经济行业类型里面的两个大行业门类，建筑业与房地产业（表1-2）。建筑业与房地产业是国民经济的支柱产业，其中铁路、水利、道路、电力、环保等基础设施建设，是财政政策的主要手段。

城乡建设国民经济行业门类及部分相关行业门类　　表1-2

城乡建设行业门类1：建筑业	
行业大类	行业门类
房屋建筑业	住宅房屋建筑，体育场馆建筑，其他房屋建筑业
土木工程建筑业	铁路、道路、隧道和桥梁工程建筑，水利和水运工程建筑，海洋工程建筑，工矿工程建筑，架线和管道工程建筑，节能环保工程施工，电力工程施工，其他土木工程建筑
建筑安装业	电器安装，管道和设备安装，其他建筑安装业
建筑装饰、装修和其他建筑业	建筑装饰和装修业，建筑物拆除和场地准备活动，提供施工设备服务，其他未列明建筑业

续表

城乡建设行业门类 2：房地产业	
行业大类	行业门类
房地产业	房地产开发经营，物业管理，房地产中介服务，房地产租赁经营，其他房地产业

城乡建设相关行业举例 1：信息传输、软件和信息技术服务业	
行业大类	行业门类
电信、广播电视和卫星传输服务	电信，广播电视传输服务，卫星传输服务
互联网和相关服务	互联网接入及相关服务，互联网信息服务，互联网平台，互联网安全服务，互联网数据服务，其他互联网服务
软件和信息技术服务业	软件开发，集成电路设计，信息系统集成和物联网技术服务，运行维护服务，信息和存储支持服务，数字内容服务，其他信息技术服务业

城乡建设相关行业举例 2：交通运输、仓储和邮政业	
行业大类	行业门类
铁路运输业	铁路旅客运输，铁路货物运输，铁路运输辅助活动
道路运输业	城市公共交通运输，公路旅客运输，道路运输辅助活动
水上运输业	水上旅客运输，水上货物运输，水上运输辅助活动
航空运输业	航空客货运输，通用航空服务，航空运输辅助活动
管道运输业	海底管道运输，陆地管道运输
多式联运和运输代理业	多式联运，运输代理业
装卸搬运和仓储业	装卸搬运，通用仓储，低温仓储，危险品仓储，谷物、棉花等农产品仓储，中药材仓储，其他仓储业
邮政业	邮政基本服务，快递服务，其他寄递服务

资料来源：国民经济行业分类

建筑与房地产业通过直接经济效益、间接经济效益，形成乘数效应，对国民经济形成带动作用。乘数效应即建筑与房地产业每增加一单位产品，除了其自身增长以外，还能够带动其他经济部门总产出与生产总值（GDP）增加。

（1）建筑业与房地产业的直接效益

直接经济效益是指，建筑与房地产业本身所作的净贡献，包括产出效益与生产总值效益。在2017年建筑业增加值为55313.8亿元，[1] 从业人员5529.63万人；房地产业增加值为53965.2亿元，[2] 从业人员283.1万人。两者合计共占国民生产总值的13.3%，提供就业岗位5812.73万。而这仅仅是建筑业与房地产业的直接经济效益。[3] 此外，根据国家统计年鉴数据，2006—2015年建筑业实现增加值增速高于或等于国内生产总值增速，这10年平均增速高达13.5%，比国内生产总值平均增速高4%。可见建筑与房地产业对国民经济的重要性。[4]

（2）建筑业与房地产业对国民经济的间接带动效应

房地产业也可通过前向关联[5]、后向关联[6]对国民经济形成间接带动作用。房地产业对金融业、室内装潢、城市基建、家用电器、办公设备等行业形成前向关联效应；对建筑业、钢铁工业、建筑材料制造、机械工业、化学工业等产业形成后向带动效应。相似地，建筑业可通过前向关联、后向关联对国民经济形成间接带动作用。此外，房地产业与建筑业的发展，还能带来促进城市建设、环境保护、科技进步、生产效率提高等旁侧效应。[7]

从2015年国家统计年鉴数据上看，建筑业每增加1万元的产出，将对国民经济其他行业合计产出2.4053万元的完全拉动效应，[8] 其中产生7345元的直接生产拉动。[9] 建筑业每增加1万元产值，将要直接消耗1945元的非金属矿制品（居第1位）和1581元的金属冶炼和压延加工品（居第2位）。建筑拉动的行业排名第3到第5位的是化学产品、金属制品、电器机械和器材。而就房地产业而言，每增加1万元房地产业的产出，对其他行业一共产生6235元的完全拉动，其中直接带动为2544元。直接拉动最大的是金融行业，达1052元。

---

[1] 占国民生产总值的6.7%。

[2] 占国民生产总值的6.6%。

[3] 数据来源：国家统计局。

[4] 汪士和：《探讨中国建筑业在国民经济中的作用与地位》，《建筑技术开发》2017年第44期。

[5] 前向关联效应，是指对那些以土地及房屋建筑物等作为投入品的相关产业的带动作用。

[6] 后向关联效应，是指房地产业对为其提供投入物产业的带动效应。

[7] 范菲菲：《中国建筑业发展与经济增长的关系研究》，郑州大学硕士学位论文，2008，第44页。

[8] 完全拉动，包括直接拉动与间接拉动，用完全消耗系数表示。

[9] 直接拉动，是指建筑业生产一个单位的产出对国民经济其他部门的直接拉动，用直接消耗系数来表示。

在 2015 年，建筑业对城镇人口吸纳能力超过国民经济 42 个行业合计数的 1/4。每增加亿元可直接吸纳城镇劳动力 7325 人，是第 2 名公共管理行业 2504 人的近 3 倍。每增加亿元可间接吸纳劳动力 7531 人，超过第 2 名交通运输业（2261 人）达 5270 人。由此可见，建筑业是吸纳城镇劳动力的支柱产业。[1]

1.4.2 基础设施投资建设推动城乡经济的快速发展，是城乡发展的重要建设活动

交通、市政、新型基础设施等的建设，能够提供大量的就业机会，同时通过产业联系对国民经济其他部门带来拉动效应，并能够为地方发展形成良好的营商环境。所以基础设施建设是各级政府进行财政投入、带动城乡地区发展、提高城乡地区发展质量、撬动私人投资的重要工具。

以城市轨道设施为例，作为城市基础设施的重要组成部分，城市轨道交通[2]能带动沿线房地产和商业快速发展，促进沿线土地的升值；增加城市的可达性、优化城乡空间布局，为吸引投资带来便利；能促进制造业、机电、金属采矿业、金融业、综合技术服务业、居民服务和其他服务业等相关行业的发展，形成连锁反应，形成乘数效应。[3]

根据相关研究，城市轨道交通累计投资乘数（把城市轨道交通的直接经济效益、间接经济效益、诱发经济效益一同考虑计算的投资乘数）为 2.67，即城市轨道交通投资每增加 1 万元，将给城市轨道交通业本身带来 1 万元产业增加值，最终将给国民经济其他部门创造 1.67 万元产业增加值。[4]

---

1 间接拉动，是指建筑业生产一个单位的产出对国民经济其他部门的间接拉动，用完全消耗系数减去直接消耗系数得到。

2 城市轨道包括地铁、轻轨、市郊铁路、单轨道交通、磁悬浮交通、有轨电车和新轨道交通。

3 汪士和：《探讨中国建筑业在国民经济中的作用与地位》，《建筑技术开发》2017 年第 44 期。

4 同上。

1.4.3 推广绿色建筑与基础设施建设,是促进绿色增长的重要内容

传统城乡建设活动有高消耗、高排放的特点。推动建筑业、房地产业、基础设施建设向节能减耗转型,推广适应于绿色发展的新技术、新材料、新标准,建立相适应的市场规范和监管机制,对促进城乡经济结构变化、促进绿色增长、全面推动形成绿色发展方式具有十分重要的作用。

(1)鼓励绿色建筑与基础设施建设,能有效降低城乡建设活动的资源投入与能源消耗

绿色建筑与基础设施,是指使用绿色建造技术和环保建筑材料,运行能耗低的建筑与基础设施。鼓励绿色建筑与基础设施建设,能够减少砂、石等自然资源的用量,从而降低对自然环境的影响,并能够降低建筑与设施在建成使用时的能耗。例如,钢结构装配式建筑技术的应用就是成功的实践(详见本书第3章第7节"创新绿色建筑新技术、新材料、新标准")(图1-5、图1-6)。

图1-5 钢结构建筑

图1-6 装配式低能耗建筑

（2）鼓励绿色建筑与基础设施建设，能够创造更多的就业机会，并形成新的经济增长点

鼓励绿色建筑与基础设施建设，能够创造更多的就业机会，[1] 并促进在传统建设部门中的工人向绿色建设部门进行转移。这些就业机会涵盖不同的技能水平，包括低技能和中等技能的工作，许多工作可以由普通建筑工人完成，甚至是失业的制造业和建筑业工人也可以胜任。绿色建造活动的新技能，对于这些人员来说，是可以相对容易习得的。由此，建筑的节能改造、绿色建筑建设、生态友好型基础设施建设，成为在向绿色增长过渡早期阶段适合推广的建设活动。[2]

鼓励绿色建筑与基础设施建设，能够促进其所涉及的多个生产与服务环节向绿色增长模式发展，形成国民经济新的增长点。如钢结构装配式建筑、布局电动汽车充电桩、建设治污设施与体系等绿色建设活动，能够通过后向联系，形成需求引领，带动其上游相关材料、配件、关键零部件的生产；通过前向联系，带动下游运营、管理、服务提供商的综合发展。由此，鼓励绿色建筑与基础设施建设，将促进城乡地区经济增长与生态文明建设同步实现。

案例：装配式建筑产业链

装配式建筑产业链主要有三大特点：一是尽可能提高资源利用率，追求可持续发展，如预制构件采用流水线生产可以循环利用生产机器和模具，现场拼装的建造方式减少了支撑模板的使用量等；二是在很大程度上提高了生产效率，减少现场施工量，有效缩短了施工周期；三是装配式建筑产业链上各环节企业关联度高。

完整的装配式建筑领域的产业链以建筑实现的流程为主线，包括研发设计－生产－施工－运营及维修维护几个主要环节。几个主要环节涉及的机构和企业类型如图所示（图1-7）。

---

1 OECD 数据显示，每100万欧元对现有建筑的节能改造投资可以创造平均11个就业机会。

2 OECD, "Green Growth in Cities, OECD Green Growth Studies," OECD Publishing (2013), http://dx.doi.org/10.1787/9789264195325-en.

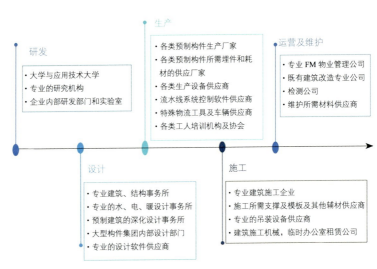

图 1-7 装配式建筑产业链及各环节涉及的组织与企业

（3）绿色建筑与基础设施建设，能够促进绿色金融的发展

绿色金融是指为支持环境改善、应对气候变化和资源节约高效利用，对环保、节能、清洁能源、绿色交通、绿色建筑等领域的项目投融资、项目运营、风险管理等所提供的金融服务。绿色金融在贷款政策、贷款条件、贷款对象、贷款种类和方式上，将绿色产业作为重点扶持项目，从信贷投放、投量和期限及利率等方面给予优先政策，其产品包括绿色保险、绿色信贷等（表1-3）。通过绿色金融服务与产品体系的完善，能够鼓励绿色建设，而绿色建设，也可促进金融业的发展。[1]

---

[1] 陈秀明：《绿色金融支持绿色产业发展研究》，《北方金融》2018年第8期。

绿色金融重点支持产业类型 表1-3

类别	产业类型
高效节能产业	包括高效节能通用设备制造、高效节能专业设备制造、高效节能电气机械器材制造、高效节能工业控制装置制造、新型建筑材料制造
先进环保产业	包括环境保护专业设备制造、环境保护监测仪器及电子设备制造、环境污染处理药剂材料制造、环境评估与监测服务、环境保护及污染治理服务
资源循环利用产业	包括矿产资源综合利用、工业固体废物、废气、废液回收和资源化利用、城乡生活垃圾综合利用、农林废弃物资源化利用、水资源循环利用与节水
节能环保综合管理服务	包括环保科学研究、节能环保工程勘测设计、节能环保工程施工、节能环保技术推广服务、节能环保治理评估

02

城乡建设转型面临的挑战

- 改革开放 40 多年以来，我国经历了世界历史上规模最大、速度最快的城镇化进程，西方国家用 200 多年才实现的城镇化成就我们用了 30 多年就达到了，走出了具有中国特色的波澜壮阔的城市发展之路，取得举世瞩目的成就。

- 随着城市化的快速推进，出现人口膨胀、资源紧缺、交通拥堵、环境污染、垃圾围城、缺乏特色等"城市病"。回顾我国城乡建设的发展模式，存在四大挑战，包括："硬拼"资源环境的城乡建设产业发展方式难以为继，"蛮拼"要素成本的大开发大建设方式毫无优势，"豪拼"经济投资的城乡建设方式不可持续，大拆大建"见物不见人"的开发建设方式矛盾突出。

2.1 "硬拼"资源环境难以为继

2.1.1 粗放发展模式会大量快速消耗资源

当前城乡资源利用模式粗放，在资源总量有限的条件下，加剧人均资源贫瘠的问题。习近平总书记在中央政治局讲话中提出当前资源利用粗放问题依然严重，单位国内生产总值能耗是世界平均水平2倍多，水资源产出率只有世界平均水平的62%，万元工业增加值用水量却达到世界先进水平的2倍。人均城镇工矿用地149m²，人均村庄用地317m²，远超国家标准上限。[1] 中国城乡发展依赖的资源十分有限，人均国土面积资源仅为世界平均水平的0.37，耕地面积为0.40，淡水资源甚至不足0.3（表2-1）。同时由于水土流失、土地沙漠化等问题，土地资源不断退化，加剧人均资源的贫瘠。资源衰竭问题也迫在眉睫，从1949年到2000年，中国的经济总量翻了10倍，但是资源消耗量翻了40倍以上。[2]

[1] 习近平总书记在2017年5月26日中央政治局讲话。

[2] 温铁军：《中国的资源消耗速度有多惊人？》，《东方时政观察》2017年1月19日网络版，http://wemedia.ifeng.com/7388671/wemedia.shtml，访问日期：2019年5月12日。

中国人均资源在世界的水平 表2-1

资源	中国人均资源与世界人均资源比率	中国人均资源在世界上的位次
国土面积	0.37	150/233
耕地面积	0.40	141/233
淡水资源	0.27	118/233
森林面积	0.26	146/233
探明石油储量	0.09	55/233
探明煤炭储量	0.63	16/233
探明天然气储量	0.09	63/233

资料来源：数据来自联合国统计署、世界粮食与农业组织和联合国人口署（2010）

然而在资源环境紧张的情况下，中国城市的集聚效应并没有充分发挥，土地利用效应和城市规模效率均比较低。[1] 从2005年到2015年，我国人口的城镇化率以年均1%的速度增长，从42%增长到56%；而土地城镇化率以年均3.9%的速度不断增加，土地城市化速度明显高过人口城市化的水平，可以反映出城市土地利用规模扩张较快，存在突出的土地粗放利用现象。[2] 市场优化资源配置功能难以得到发挥，土地资源利用效率较低，要素得不到合理配置。在城市甚至乡村中，到处可见宽广的马路、雄壮的广场等。

在粗放的土地资源开发利用模式下，出现"村村点火、处处冒烟"的景象，开发区、高新区、产业区、新城等如雨后春笋般涌现。不可否认新城、新区在促进经济增长方面发挥了巨大作用，这也是其密集发展的重要原因。但是也要看到新区依旧存在土地集约化利用程度不高的问题，不少数量的经济开发区、高新区仍然处于以投资导向为主的发展阶段，大量的土地供给成为地方政府官员吸引投资、快速制造政绩的捷径。各个城市不断竞争，更快更多地建立各类工业园区、经济技术开发区等。在短期经济目标追求下，很多城市出现了大量的无效占地。据不完全统计，截至2016年7月，有国家级新区18个，国家级产业园区[3]514个，省级产业园区1600多个，较大规模的市产业园1000个，县以下的各类产业园上万计。[4]

当前城乡建造生产方式不可持续。我国每年新开工建筑约20亿平方米，消耗的水泥、玻璃、钢材分别占全球总消耗量的45%、42%和35%。在建造和使用过程中直接消耗的能源占全社会总能耗的30%，加上使用的钢材、水泥等建材的生产能耗更接近50%。新建房屋90%以上都是混凝土结构建筑。混凝土的主要原材料为水泥和砂石，水泥的主要成分石灰石，都属于不可再生资源。根据中国砂石协会测算，目前全国已探明石灰石储量约542亿吨，按现有用量，只够支撑30年左右。砂石等原材料需要开山挖河，极大地破坏了自然环境。数据显示，2015年中国建筑能源消费总量为8.57亿吨标准煤，占全国能源消费总量的20%，单位建筑面积采暖能耗是同等气候条件发达国家的2~3倍。

---

[1] 李郇、徐现祥、陈浩辉：《20世纪90年代中国城市效率的时空变化》，《地理学报》2005年第4期。

[2] 李文波：《环境约束下的中国城市土地利用效率及其影响因素分析》，兰州大学硕士学位论文，2018，第45页。

[3] 包括国家级经济技术开发区、国家级高新技术产业开发区、各类综保区、边境经济合作区、出口加工区等。

[4] 冯奎：《中国新城新区发展报告》，企业管理出版社，2016，第25页。

2.1.2 硬拼资源环境产生高昂的环境污染代价

资源环境是城乡建设的重要基础，如果为了发展而破坏环境、硬拼资源，相当于失去自身优势和发展基础，还会影响社会的稳定与和谐。传统的"大量生产、大量消耗、大量排放"的粗放生产模式和消费模式，使资源、生产、消费等要素不相适应，也导致我国环境不堪重负。全国耕地 10% 以上遭受重金属污染，全国 70% 以上江河湖泊遭受污染。我国建筑业主流的混凝土结构建筑材料大部分不可回收，拆解后产生大量建筑垃圾，每年约 4 亿吨，占我国垃圾总量约 30%~40%，填埋建筑垃圾需占地约 66.67km² （10 万亩），再利用率不足 5%。同时，混凝土结构建筑在建造过程中产生大量的施工现场扬尘，加重了空气污染。2005 年，我国废水排放总量为 525 亿吨，到 2017 年达到 700 亿吨，年均增长率达到 2.43%。城市机动车排放污染日趋严重，许多城市的大气污染已经从燃煤型污染转向燃煤和机动车混合型污染。在环境污染治理投资方面，需要以每年 12% 的增长率加大治理投资，总额占到 GDP 的 1.2%（图 2-1）。经济发展带来的环境代价越来越高昂，对城乡建设也提出了巨大挑战。这种快速工业化、

图 2-1　中国废水排放量与环境污染治理占 GDP 比重

图片来源：国家统计局

现代化模式不仅容易导致金融层面出现资本泡沫,也会出现资源环境的泡沫,透支未来的资源环境。[1]

1 国家统计局 2005—2017 年数据。

2.1.3 气候与环境变化带来的威胁成为严峻的挑战

未来环境变化产生的威胁难以估量,特别是当前全球环境气候变化对城乡发展、居民生活带来严峻的威胁,而且问题越来越严重。预计到 2050 年,全球温室气体排放量将进一步增长。这样一来,全球气温将比工业化前水平升高 1.7~2.4℃,热浪、干旱、风暴和洪水等自然灾害将增加,并对包括关键基础设施和农作物在内的物质资本造成严重破坏。这些影响的估计成本差异很大,但如果将所有市场和非市场影响考虑在内,可能高达人均消费的 14.4%。[2]

2 Stern, N, *The Stern Review Report*, (Cambridge: Cambridge University Press,2007).

到 2050 年,不少数量的动植物物种将濒临灭绝,同时为了人类的粮食生产需要,将不得不增加全球的农田面积,进一步导致动物栖息地的丧失。长此以往,关乎人类福祉的生态系统网络将会因生物多样性的不断减少而遭受不可逆转的破坏。与此同时,水资源耗损非常严重,气候变化以及缺乏对水资源的合理利用会导致水资源的结构性短缺,缺水人口将会进一步增加。空气污染对全球的宜居活动与可持续发展也产生深远影响,并且影响范围在不断扩大。其他形式的污染,包括重金属、垃圾、工业污水等,也将导致稀缺的土地资源、饮用水资源的日益退化。

气候与环境变化带来的威胁是全球性问题,但它们最终依旧表现为一种地域的现象,与城乡发展息息相关。每个城市的居民可以深刻感受到气候与环境变化带来的影响,在这些问题上缺乏预见性与实施性的行动将会产生高昂的代价。例如,美国海平面上升导致海岸线后退,预计每上升 1m 将损失 2700 亿到 4750 亿美元;如果交通、商业和工业活动因恶劣天气事件而中断,可能会对经济活动造成间接影响。[3] 气候变化、环境退化或不可持续资源消耗的经济影响也可能对

3 OECD,2011,Cities and Green Growth: A Conceptual.

就业市场产生反弹效应，并减少税收。这些对经济的压力可能限制投资机会，耗尽基础设施创新的资金，使城市更容易受到未来变化的影响。城市面临着双重挑战，一方面需要为不断增加的人口创造就业机会，另一方面在气候与环境变化的压力下，如果没有谨慎、预见性地处理好发展与环境的关系，就会减弱城市抓住创造这些机会的能力。

2.2 "蛮拼"要素成本毫无优势

2.2.1 "蛮拼"成本越来越高，倒逼发展方式转型

在国际市场疲软，内需增长乏力，人力、土地、资本、能源等生产要素成本上升的情况下，"蛮拼"成本、大开发大建设的模式毫无优势，粗放式的建设时代已经过去。我国在过去一直被认为是低成本的制造业基地，以珠三角这一世界工厂为典型。但是伴随全球经济地理格局的演变，生产要素不断转移，中国制造业低成本的竞争优势渐渐丧失（图2-2）。根据波士顿咨询公司的研究，中国制造工人 2004 年平均工资是 4.35 美元/小时，相比之下美国高达 17.51 美元/小时。10 年后，中国制造业平均工资比 2004 年涨了近 3 倍，为 12.47 美元/小时；与此同时，美国仅上涨 27%，达到 22.32 美元/小时。此外，中国电力从 7 美元/千瓦·时增长到 11 美元/千瓦·时，中国工业用电的成本估计上升66%。而天然气从 5.8 美元/百万 BTU 增加到 13.7 美元/百万 BTU，成本则猛增 138%。与美国相比，中国制造业的成本优势从 14% 减弱到 4%（图 2-3）。

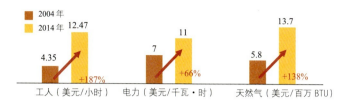

图 2-2　中国资源性成本逐年上升

图片来源：根据波士顿咨询 2015 年数据绘制

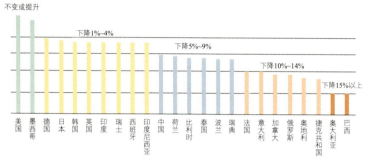

图 2-3　世界不同国家 / 地区成本竞争力

图片来源：作者根据波士顿咨询 2015 年数据绘制

2.2.2　依靠成本的外生增长方式难以实现城市的长期发展

蛮拼成本的开发建设与产业发展方式能够为城市发展带来短期增长，通过资本快速积累增加就业并带动经济发展。但是依靠成本的外生增长方式没有找到内生增长动力，不利于形成城市自身的比较优势，容易受到经济市场、政治环境的影响，发展风险性较大。同时这种方式通过借助大量低成本的劳动力与土地，容易带来社会与环境的问题。依靠成本的外生增长方式是一种互相竞争资源的模式，资金供应存在明显的局限性，如果自身城市未能争取到足够的资金，其他城市很有可能就会争夺到。在此趋势下，不仅单纯靠廉价劳动力、低成本土地竞争，还需通过各种补贴、税收减免等竞争方式，带来长期的城市财政压力，从而因竞争获取资金资源导致成本高昂。

2.3 "豪拼"经济投资不可持续

2.3.1 经济增长过于依赖投资拉动，挤占了实体经济投资和住房以外的消费

2008年，我国为应对全球金融危机强化了投资拉动经济增长方式。至2011年，固定资产投资占GDP的比重已达到65.87%，房地产投资已达到10%左右。传统的经济增长方式挤占了制造业、高新技术产业等其他产业的投资，影响了技术进步和创新（图2-4）。

与此同时，房地产投资也成为我国居民财富保值增值的主要渠道。我国城镇家庭住房自有率近90%，远高于发达国家。据统计，2015—2016年我国约70%的家庭财富以房产的形式保有，居民投放在住房消费上的比例过多，挤占了家庭其他消费，既不利于发挥消费对经济的支撑作用，也严重影响到居民的幸福指数。

图2-4 我国固定资产投资和房地产投资占比GDP（1981—2011年）

2.3.2 房地产"大量投资、快速发展"的方式不可持续

改革开放以来，经过 40 年的快速发展，我国的人均住房建筑面积由 1978 年的 6.7m² 跃升至 2018 年的 39m²，户均住房超过 1 套，在总量上已告别"短缺"时代，潜在的住房需求将逐渐减少。

在城镇化经历高速发展之后，城镇化进程也将逐步放缓，转入稳速度、持续发展阶段，潜在的购房需求被租房需求所取代。与此同时，在一些热点城市，地价、房价快速上涨，房价收入比过高，购房压力大，为社会稳定带来潜在的问题，也使高地价、高房价难以为继。

2.3.3 固定资产投资回报逐渐下降，对 GDP 贡献逐渐降低

在土地资源减少、人力成本提高等综合因素下，固定资产的投资回报率正在逐渐下降。1981 年 1 元的固定资产投资可产生 5 元的 GDP；但到 2011 年，1 元的投资只能产生 1.5 元的 GDP，边际回报下降速度飞快（图 2-5）。

图 2-5　我国社会融资与固定资产投资占比和 GDP 与固定资产投资占比（1981—2011 年）

综合上述因素，传统的"豪拼"经济投资拉动经济的增长模式已不可持续。

2.4 大拆大建"见物不见人"矛盾突出

2.4.1 大拆大建的城乡建设方式带来诸多社会矛盾

在城乡建设中，旧城改造、旧村改造往往推崇"一刀切"地推倒重建。推倒重建的改造模式，能快速整合大面积土地，兴建高容积率的城区，经济收益更高，见效也更快，更贴近开发商或地方政府对地区未来发展的宏伟设想和经济发展诉求，自然而然在各地得到广泛推行。

大拆大建的城乡建设方式不可持续，易引发社会矛盾。大拆大建不仅容易导致城市文脉断裂、城市特色消失，同时，在更新过程中，为了保证目标实现，往往会产生暴力拆迁等社会问题。一方面，城市失去地方固有的、有别于其他城市的文化历史特色；另一方面，居民的住房稳定和安全无法得到保障，"钉子户"与开发商、地方政府的冲突频发，同时，缺乏公众参与的工程项目容易激起居民集体抗议，进而引发社会舆论，陷入烂尾困境。

大拆大建实际上是一种不可持续的发展方式，它反映的是工业时代主张用高积累、高消费来刺激经济发展的增长方式。这种增长方式把经济发展作为人类社会发展的唯一目标，结果却使人类社会付出了资源衰竭、环境恶化、社会瓦解的惨重代价。

2.4.2 注重宏大空间建设，导致城乡风貌千篇一律

宏大空间建设能塑造城市形象，但却往往忽略了以人为本。城市形象是人们认知和记忆一个城市的重要名片，壮丽的宏大空间建设有利于打造强辨识度的城市形象，对资本和人才形成良好的吸引力，产生社会、经济、政治等多维度的可观效益。

改革开放以来，我国城市化进程加速，经济增长长期处于高位运行，激发了各地地方政府创造新城市形象的强烈愿望，城市大广场、世纪大道、豪华办公楼、地标建筑等一哄而起。结果，在这个急速发展和剧烈变化的时代，宏大空间建设往往变成拼经济力量的"面子工程"，劳民伤财，无法切实做到"以人为本"，忽略了当地居民对空间建设的真实需求，引起群众怨声载道，不利于社会持续发展和长远增长。

城乡风貌千篇一律，缺乏地方特色。对于城市而言，厚重的文化底蕴是它独有的特色，也是城市在全球竞争中实现绿色增长的关键因素之一。对于乡村而言，一方水土养育一方人，特定的地理环境培育出独具特色的乡村历史文化，是村庄发展的源泉。城乡的历史文化遗产记录了不同民族、不同时期文明的发展脉络和历史信息，是历史上不同传统和精神成就的载体和见证，它体现了城乡的特色和个性，是城市的底蕴和魅力所在。然而迫于经济增长指标和打造城市地标等的压力，越来越多的城市规划建设趋向千城一面，城市景观缺乏个性，容易使人产生审美疲劳，反而失去城市辨识亮点。

03

基于绿色增长的城乡建设路径

- 基于绿色增长的城乡建设，是以满足新时代人民群众对美好生活需求为目标，如更舒适的住房条件，更优美的人居环境，更完善的基础设施，更悠闲的生活方式，更丰富的城市文化等。我们要着力解决生态优先发展的问题，着力提升经济增长全要素生产率，综合、平衡配置经济要素，如资源、环境和投资，以及人和技术的创新等，以供给侧结构性改革和绿色生活推动经济增长。

- 本章主要从七个维度进行路径探讨：第一，构建基于绿色增长的小流域单元。第二，建设智慧城市，促进绿色增长。第三，建设美好环境，促进经济产业转型。第四，推动城乡基础设施结构转变。第五，老旧小区节能降耗。第六，推动绿色生活，促进循环经济。第七，创新绿色建筑新技术、新材料、新标准。

3.1 绿水青山就是金山银山，构建基于绿色增长的小流域单元

小流域是完整的自然生态单元、生产单元和生活单元，是理想的人居环境单元和有效的统筹单元，通过小流域的统筹建设能够形成绿色的生活方式和生产方式。小流域拥有完整的生态系统，生产过程具有交融性，每个小流域的文化都具有较高的同质性和一脉性，使小流域成为一个具有系统性和综合性特征、有机联系的统一整体。通过加强小流域的空间治理，可改善小流域的生态环境；通过村庄人居环境的提升，可改善乡村的整体村容村貌；通过发展特色乡村经济，可实现乡村的绿色经济增长；通过乡村水利的建设，可促进水系的治理和水资源的利用；通过乡村绿色基础设施的建设，可串联整个绿色空间网络。

3.1.1 加强小流域单元空间治理，推动生态建设与城乡统筹

小流域是城乡生态建设与城乡发展统筹的空间单元，重在统筹治理。按照面积流域可分为大流域和小流域，在我国，习惯上把面积超过20万平方千米的长江、黄河、松花江、辽河、珠江、淮河、海河等七大流域看作是大流域。小流域空间单元是以分水岭和山溪出口断面为界，面积较小的闭合集水区域，是构成更大流域的基本单元，涉及村庄、农田、河流、山林等多样化的土地功能。

要统筹农业部门、水利部门、林业部门、环保部门、建设部门和国土部门等部门现有的规划，确定农业、林业和生态环境保护的空间布局和发展功能。

从水源头和污染源头（双源头）做起，统筹水利工程建设、农业

图 3-1 河岸生态化整治形成"生态美"

现代化和农村完整社区建设,实现对城乡空间"面"的有效管理。

以发展功能促进生态用地的保护,促进土地的高效利用,维护流域生态的稳定,最终达到"机制活、产业优、百姓富、生态美"的绿色增长(图 3-1)。

3.1.2 提升村庄人居环境,改善村容村貌

完善村庄公共服务设施,从而提高村民生活品质。村庄公共服务设施的建设需要充分利用好现有的设施场所,结合村民的需求,配置娱乐和服务设施。充分考虑服务设施的服务半径,尽量做到设施服务范围覆盖各个村子,且不重复建设造成资源浪费。对于有条件发展乡村旅游的村庄,适当结合一村一景建设旅游服务设施,为游客提供便捷服务。

结合村庄条件开展雨污分流建设,完善农村生活垃圾收集转运方式,改善环境卫生。完善雨污分流系统,未纳入雨污分流系统的村庄结合距离城市远近开展污水处理。完善农村生活垃圾收集转运方式,

推行"户收集、村转运、镇处理"模式，不在农村中设置集中的垃圾收集点，进一步营造干净、整洁的村容村貌。

村庄人居环境改善直接关系人民群众的切身利益，开展美好环境与幸福生活共同缔造，有助于推进乡村人居环境的改善，提升人民群众获得感、幸福感、安全感。共同缔造是通过村民积极参与村里社区的公共事务，凝聚社区意见与共识，共建美好邻里家园，共享幸福生活的过程；是以村民为主体、问题为导向，激发村民主体意识，组织协调各方力量，让村民决策"共谋"、发展"共建"、建设"共管"、效果"共评"、成果"共享"的过程；也是促使村民思考，以村民为主力解决邻里社区问题的过程。例如，开展房前屋后绿化美化，认养村庄中绿化园地，自己动手保护村庄生态环境；在农业面源污染治理、农村产业发展中发挥农民专业合作社／农业基地的力量，发展休闲体验式农业，开展生态种植；通过村民共同商议赋予不同村庄不同的发展主题，包括田园风光、乡村民宿、历史圣地等，形成对村庄未来发展的美好愿景。

3.1.3 发展特色乡村经济，形成一村一品

根据本地资源特征和比较优势，发展本地的特色乡村经济，是乡村地区实现绿色增长的主要途径。

要结合本地的土壤、植被、气候等自然生态特征和人文特征，种植本地特色农产品，或者发现与本地区相关的乡村旅游，以实现一个村至少要开发一种具有本地特色、打上本地烙印的产品，并围绕主导产品的开发生产，形成特色突出的主导产业。[1]

居民消费升级和居民食物消费结构变化为农业生产带来新的机遇，多元型、营养型、生态型、健康型农产品，越发受到居民的喜爱。为此，一个地区的农业生产要向着生产过程清洁化、农产品质量标准化、市场监管无缝化、经营主体组织化的方向转变。[2]

---

1 孙涛、程燕、宋黎、盛田、潘潇:《三峡库区"一村一品"生态旅游资源评价研究——以万州恒合土家族乡为例》,《经营管理者》2011年第2期。

2 陈忠明、郭庆海、姜会明:《居民食物消费升级与中国农业转型》,《现代经济探讨》2018年第12期。

政府应以农民合作组织为重点，建立"公司＋合作社＋农户"的农业生产组织体系，将农业的家庭经营、合作经营、公司经营和行业协调的机制有机结合起来，形成集约化、规模化、专业化的经营主体与产业化、组织化与社会化的服务主体相结合的现代农业产业组织体系和新型农业经营体系。

3.1.4 以农田水利建设为抓手，促进生态建设与保护

从农田水利、安全水系、推广滴灌节水、污染治理等方面入手，整合并充分发掘生态资源的价值，在改善农业生产条件的同时提升农民的生活品质，通过生态美促进百姓富，实现乡村建设的绿色增长。建议开展水土调研，因地制宜采取拦沙坝、沉沙池、排水沟等措施，对水土流失进行综合整治。

农田水利是提高流域农田水资源利用效率、改善流域农业生产能力的重要措施，通过疏浚沟渠引水入田，建设水库调蓄流域水资源的供给，从而保障小流域农田种植用水的需求。

建设安全生态水系是发挥小流域综合功能的重要保障，需要系统性考虑生态廊道与水源保护区的生态保育工作（图3-2）。安全生态水系需要在河流两侧设置明确的生态保护线，按照"河畅、水清、岸绿、安全、生态"的要求，开展水系建设。

图3-2 厦门小流域水岸整治

推广农业节水技术，结合灌溉渠的建设，推广新技术，从而减轻农田水利建设工作量，提高渠系水资源的利用率，促进农民增产、增收，进一步促进生态建设与保护。

3.1.5 建设绿色基础设施，串联"山水林田湖草"

绿色基础设施是指一个相互联系的绿色空间网络，由各种开敞空间和自然区域组成，包括绿道、湿地、雨水花园、森林、乡土植被等，这些要素组成一个相互联系、有机统一的网络系统，融合生态保护和城乡建设。[1]

在乡村地区规划中，开展生态景观特征提升和历史文化遗产保护、生态修复、生物多样性保护、水土气安全、防灾避险、乡村游憩网络建设等，形成整体系统性的绿色基础设施建设规划。[2]

在各类土地整理、农林水建设和环境保护等项目实施过程中，要高度重视"沟路林渠田""山水林田村""山水林田湖"等不同尺度的土地（景观）综合体格局与水土气循环、生物迁移等生态过程之间的相互关系，通过景观格局优化、不同类型景观要素之间相互关系的重建、修复和提升，加速、延缓、阻断、过滤水土气和生物生态过程，提高生态景观服务功能，确保水土气、生物、生态安全性。

---

[1] 周帅：《绿色小城镇生态设计策略及其效益分析》，武汉理工大学硕士学位论文，2013。

[2] 刘威尔、宇振荣：《山水林田湖生命共同体生态保护和修复》，《国土资源情报》2016年第10期。

3.2 建设智慧城市，促进绿色增长

智慧城市是应用新一代的信息技术手段，包括物联网、云计算、大数据、空间地理信息等，分析及整合城市运行核心系统，提高各子系统（包括人、政务、交通、通信、水和能源）的运转效率，从而提高城市

活动和运转系统的效率以及城市经济发展的效率,并且降低城市污染,促进节能减排。同时,智慧城市以城市为整体,为高新技术的运用发展提供大规模和广泛运用的场景,如智慧交通、智慧物流、智慧金融、智慧医疗、智慧教育、智慧能源与环保等,创造面向用户的新消费,拉动新经济投资和消费,推动绿色生活方式,促进经济发展方式的转型。

3.2.1 建设智慧城市信息管理平台

智慧城市未来发展前景广阔。2008年,国际商业机器公司(简称IBM)提出"智慧的城市"愿景。2012年,我国亦提出首批90个国家智慧城市试点名单。2014年,国家发展改革委、工业和信息化部、科技部、公安部、财政部、国土资源部、住房和城乡建设部、交通运输部等八部委印发《关于促进智慧城市健康发展的指导意见》,至2018年,超过500个城市均已明确提出或正在建设智慧城市。预计到2021年,我国与智慧城市相关的市场规模将达到18.7万亿元。

运用高新信息技术搭建城市智能信息管理平台(图3-3),是建设智慧城市的基础。从高速增长向高质量发展转变,是我国城乡建设发展的重大转变。这就要求以往以项目为导向的城乡建设工作方式需要

图3-3 建筑施工实时智能信息管理平台

1 赵强:《打造智慧城市，为美好生活赋能》,《中国自然资源报》2019年3月12日第3版。

向以规划为主导转变。[1]以规划统领建设，需要统筹的平台，就是通过推进一张图的项目统筹为抓手。

首先，统筹规划，形成全覆盖的一张蓝图。其次，推进建筑信息模型、报件审查审批系统和城市信息模型（City Information Model，简称CIM）系统的对接。最后，布设城市传感网，将城市建筑、交通工具和城市的基础设施统一联系起来，纳入智慧城市基础平台，统筹推进城市规划、国土利用、城市管网、园林绿化、环境保护等市政基础设施管理的数字化、精准化和智能化，将城市运行、交通出行等动态数据全面接入智慧城市的基础平台。

案例：智慧银川

银川市作为西北地区重要的中心城市，依托其优越的地理位置和丰富的自然资源，正在快速发展和崛起。然而随着城镇化的不断发展，各种各样的"城市病"随之而来。银川成为国内首个以城市为单位进行顶层设计的智慧城市后，通过商业模式、管理模式和技术架构"三大创新"，为构筑智慧银川提供了强大的动力。

在商业模式上，引入"PPP+资本市场"的商业模式，通过政府与企业合资共建的方式，解决智慧城市建设投资难、运维难的问题。

在管理模式上，通过整合城市政务、医疗、交通、环保等各领域的信息资源，解决了智慧城市建设过程中的资源和数据共享的难题。

在技术架构上，打造了"一图一网一云"架构，"一图"即通过各类传感设备，实现城市运行状态在一张全景三维地图上集中展示；"一网"即统一建设一张城市数据传输网络，实现城市数据互联互通；"一云"即将城市各类数据集中在云端的大数据中心，实现大数据的共享和利用。通过"一图一网一云"架构，实现了城市的全面感知、全面互联和全面智能。

银川立足"智慧治理、智慧生活、智慧产业"的三大核心目标，统筹规划和建设了智慧政务、智慧交通、智慧医疗、智慧环保、智慧社区等10大系统。智慧银川分别荣获"2017中国智慧城市示范城市""2017亚太区领军智慧城市"和"2017中国领军智慧城市"奖。

3.2.2 为智慧出行创造条件

加强城市电动汽车充电设施的建设。城市要制定并完善充电设施的相关规划，重点推进充电设施建设（图 3-4）。不仅在一些新建的建筑小区，在一些老旧建筑小区、公司单位等既有停车场和公共服务领域，也需要建设充足的充电设施，推动形成布局合理、智能高效的充电设施体系。建设充电智能服务平台，为用户提供充电导航、充电预约、状态查询、费用结算等服务。同时，应当制定相应的配套政策和激励措施，在城市建设中全面落实和完善充电设施规划要求。

推进基于"自动驾驶"技术的城市智能基础设施建设和制度制定。从城乡建设的角度，城市政府为建设城市智能基础设施，为自动驾驶建立适合的机制条件，要做好以下几个方面的工作：一是全面部署 5G 网络，促进 5G 技术与自动驾驶等多项技术的深度融合。二是搭建出行大数据平台，引入城市大脑系统。三是建设支持自动驾驶开放测试道路环境和发放路测牌照，为自动驾驶产业打造良好的研发、应用环境。

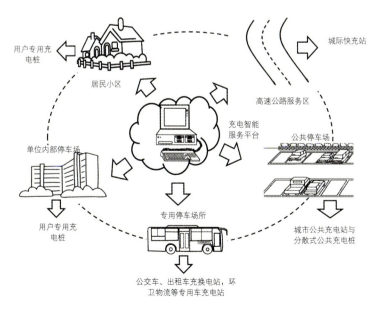

图 3-4 分场所充电基础设施

图片来源：国家能源局：电动汽车充电基础设施发展指南（2015—2020 年）

提前谋划基于智慧出行的城市变化。无人驾驶技术有可能从根本上改变交通方式,并会对安全、交通拥堵、能源利用,乃至土地使用等产生重大影响。随着无人驾驶的应用,城市将释放更多公共空间。首先,在城市道路上,需要精细化建设城市道路的感知与标志体系,助力自动驾驶安全、稳定运作。其次是从街道空间开始,无人驾驶汽车的到来,只需要更少的车道,更窄的车道宽度。最后是无人驾驶汽车共享计划或将降低汽车保有率,大大减少停车位。

3.2.3 推进智慧社区建设

社区要实施智慧资源管理。推进社区"互联网+"智能电网建设,使用智能调度控制系统,依托物联网、云计算等新兴信息技术,提升社区信息平台承载能力和业务应用水平。[1] 建设新能源和分布式电源接入体系,建设主动配电网、微电网,提倡分布式电源接入及储能。同时为用户搭建一个家庭用电综合服务平台,引导用户错峰用电,降低高峰负荷,帮助用户合理选择用电方式,节约用能,有效降低能源使用费用。建设社区智慧水务,集中力量完善社区网络系统和监测系统建设,与相关水务公司、机构合作,构建水务物联网数据分析处理系统,最后是向社区提供便捷的水务服务,开通用户服务微信群、水务APP等措施,架设企民互动交流的桥梁。

[1] 资料来源:中国水网,20个智慧水务案例详解 http://www.h2o-china.com/news/view?id=263935&page=7.

> **案例:美国智能电网管理**
>
> 美国科罗拉多州的博尔德2008年已经基本完成了智能电网的建设,成为全美第一个拥有智能电网的城市。智能电表的使用,让波尔得的每个家庭都可以清楚地了解不同时间的电价。因此,人们可以根据不同时间的电价合理安排各种活动,减少家庭的用电费用支出,错峰用电,降低高峰负荷。此外,智能电表可以自动帮助人们优先选择使用一些清洁能源进行供电,如风电和太阳能等。此外,智能变电站通过收集每家每户的用电信息,掌握他们的用电情况,并根据现实使用情况配备电力。目前,美国政府已经在多个州开展设计智能电网,从2003年开始始终致力于智能电网研究的得克萨斯州首府奥斯汀市已开始试运行智能电网。

建立智慧产业社区，达到产业规模效应、人才和知识聚集、生产力提升以及供应链效率的提升。在智慧创新产业社区中，政府的职能要从传统的招商引资和管理职能向全方位的政府、产业及城市综合化服务转型。产业社区还要促进社区内企业、高校和科研机构的协作和互动以激发创新。需要设立信息平台，帮助企业准确掌握市场变化，让企业更快、更有效进行研究和开发。[1]

1 中投顾问产业研究中心。中国智慧园区区域发展现状及建设趋势分析，2015年12月 https://wenku.baidu.com/view/ 23bb802e19e8b8f67d1cb907.html。

3.3 建设美好环境，促进产业转型升级

宜居宜业宜游的美好环境，能够促进产业转型升级。围绕创新创业者和企业的需求，把降低创新创业成本、提供良好的产业发展环境和生活环境作为工作的核心，通过改善人民群众生产、生活、生态环境来推动生产、生活、生态融合发展，实现绿色发展。

3.3.1 产业转型升级的三个关键因素

生产要素动态转化催生新兴主导产业，同时使旧的主导产业不得不通过技术、管理、产品的升级，来避免或减缓衰退，这种转化周而复始，是"产业转型升级"实质。推动产业转型升级，需要建设适合资本、人才、技术三大关键因素集聚的美好环境。

资本是实现产业结构调整、转型升级的切实需要，实现创新驱动战略和产业转型升级，必须发挥资本的力量，吸引聚集各类资本投资，才能促进产业转型升级。

人力资源投资、人才队伍建设是实现转型升级战略的关键，是影响城乡经济增长的重要因素。[2]

2 方阳春：《人力资本：经济转型升级的内驱力》，浙江大学出版社，2013，第40页。

技术创新是推动企业产业转型升级的着力点，以发展高端产业核心，培育自主知识产权和专利、自主品牌为重点，来推动企业技术创新。

3.3.2 良好的营商环境促进产业转型升级

产业升级能力，是一个国家或地区的核心竞争力，而一个利于创新的营商环境正是提升城市竞争力的重要因素。良好营商环境是一个国家和地区经济软实力的重要体现，是提高综合竞争力的重要方面，是建设现代化经济体系、促进高质量发展的重要基础，也是政府提供公共服务的重要内容。

良好的营商环境有利于吸引科技创新企业和资本、人力资源、技术等要素流入，加快完成产业转型升级，加快新旧动能接续转换；有利于扩大开放，激发经济社会发展活力；有利于推进法治政府、法治社会建设；有利于提高干部队伍的服务意识、法治意识，逐渐树立起新型政商关系理念。

> **案例：新加坡打造"花园城市"服务城市经济**
>
> 新加坡建国 50 多年，通过"外向型能源战略＋绿色发展"理念，以"花园城市"为核心，走出了一条独具特色的绿色发展之路，从第三世界中的一个贫穷国家，成为全球新兴发达经济体一员，以其美丽的城市环境（图3-5），实现绿色经济的可持续发展。
> 良好的生活环境：新加坡以其良好的环境，被誉为宜居宜商的国家，其美丽舒适的居住环境，对全球高端人才产生集聚力、吸引力。新加坡政府将城市绿化、美化计划，提升到国家战略高度，通过"花园城市"建设，推动经济结构转型升级，从而实现城市环境建设和经济发展的双重可持续性。
> 良好的营商环境：新加坡政府保持一贯的务实、高效、廉洁的政府形象；通过完善的金融和现代服务体系为企业的商务活动提供了优质高效的服务；实施极具竞争力的税率和税法；积极出台各种措施，专门扶持创新型企业在

当地发展；对于知识密集型产业，推出健全的知识产权制度。其强有力的国内监管框架是吸引大量外国科技企业来新加坡发展的重要原因之一。

良好的人力环境：新加坡拥有亚太地区最佳的技术工人，拥有亚洲最适宜经商的劳动法规；新加坡政府注重提高居民的受教育程度，还通过各种政策措施引进培养优秀的国际人才。

在 2018 年全球城市实力排名中，新加坡获全球城市竞争力第 6 名、亚洲 50 强、城市综合排名第 1 名、全球最宜居城市排行榜第 37 名。

图 3-5　新加坡"花园城市"

打造良好的营商环境，包括以下几个方面：努力建设人民满意的政府，营造便捷高效透明的政务环境；加快法治建设，提高政府行政效能，营造便捷高效、公平竞争的营商环境；转变政府职能，为市场主体提供良好的公共服务，提高公共服务效率，营造服务优良、保障健全的营商服务环境；做好产业配套环境，尤其是基础设施配套硬环境；建立互联网服务平台实现精准服务，提升产业升级软环境；以产业园区为载体，通过环境整治提升招商引资能力。

案例：希斯塔新城发展完善促进产业升级，助推产业新城持续发展

被誉为"欧洲硅谷"的希斯塔 Kista 新城是瑞典最大的科技新城，是一座集聚创新和安居乐业的新城。

希斯塔从一个科学园区起步，当时只是拥有单一的电信通讯产业，经过二三十年的逐步建设和持续打造，得到了迅猛的发展和规模扩张。希斯塔新城的建设在一开始就呈现出产业规模化和功能混合化的特征。

希斯塔新城形成了以产业和居住为主的两大功能板块。居住部分总共规划配备了 3000 个居住单元，它们采用多元化的居住户型，不仅有密度较高的经济型员工公寓、多层住宅，还有高端生态别墅，全方位满足新城各个层级和收入水平的员工的居住需求。希斯塔新城注重绿色公园、步行街、林荫道、绿化带等生态廊道的规划建设，尽力塑造建筑与环境景观、人与自然高度和谐的郊外田园风格，创造人与自然和谐共处、绿色生态的新型社区。

同时还创造适宜步行的公共环境,通过步行系统强化各种公共空间的品质。

希斯塔不仅关注科技,还精心规划了集公园、娱乐、购物、居家、文化活动于一体的公共环境,企业在创造经济收益的同时不断翻新城市面貌,为人们带来更好的基础设施、生活环境、就业机会和发展前景。

正是这种高质量的工作和生活环境所带来的强大吸引力,让希斯塔的高端产业从业人员高度聚集,这种优势赋予新城巨大的发展潜能。

3.3.3 创造宜居的生活环境,吸引创新人才聚集

城市经济的发达程度将取决于城市中的人才资源优势。高端人才聚集带来高端产业聚集,而高端人才聚集的前提是这里的宜居生活环境。宜居生活环境吸引创新人才,创新人才带动高端产业,高端产业的收益又进一步带动宜居环境改善,这一良性循环一经形成,城市自然会吸引高端企业的聚集而促进城市经济增长(图3-6)。

宜居生活环境的打造,包括以下几个方面:完善生活服务设施,强化城市功能;推动人才公寓住房建设,优化优惠政策体系建设;以生态环境为优先,建设高品质的城市公共空间;深化政府服务和社会领域改革,构建良好的社会治理环境;创造功能混合、开放共享的空间,激活社区创新活力;构建职、住、学、娱等多种功能于一体的混合空间(图3-7)。

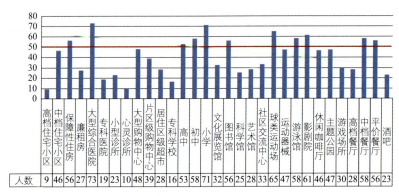

图 3-6 科技城受访者认为有必要增加的设施

图片来源:袁晓辉:《创新驱动的科技城规划研究》,清华大学博士论文,2014,第120页

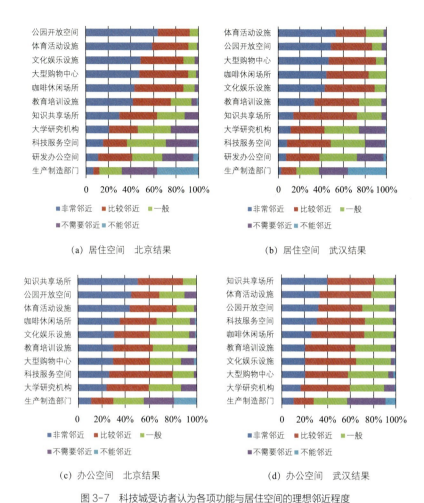

图 3-7 科技城受访者认为各项功能与居住空间的理想邻近程度

图片来源：袁晓辉：《创新驱动的科技城规划研究》，清华大学博士论文，2014，第 122 页

3.3.4 建设功能混合的活力空间

创造功能混合、开放共享的空间，激活社区创新活力。改变传统的固化产业与功能的特定空间，转向追求功能混合的开放空间（图 3-8），纵向打破楼宇单一功能限制，横向构筑小尺度、多功能的创意社区。基于产业邻近原则，打破产业空间布局的边界，让不同产业人才在空间上实现深度交融与互动，从而促进产业人才的创新创造活动。

图 3-8　某社区功能混合的活力空间

构建职、住、学、娱多种功能于一体的混合空间。在水平空间上，考虑生产、生活、学习等功能空间的均衡混合布局，促进城市的"职住平衡"。政府重点建设生态绿地、户外公园等开敞空间，丰富城市居民休闲娱乐生活的同时，促进人与人之间的交流，激发城市活力。在垂直空间上，鼓励建筑功能多样化开发。在空间设计时，鼓励分组团、分团队进行规划和建筑设计，促进组团空间呈现多样化设计风格，进而加强居民的空间体验感。

案例研究：香港中环（CBD）

香港中环（CBD）地处香港岛的中部，北临维多利亚港口。中环是香港发展最早的地区，从 20 世纪 50 年代开始，就成为香港最重要的商业中心。它拥有优越的地理区位，同时兼备高效的运输系统和完善的基础设施。此外，诸如银行、会计与律师事务所、餐饮和其他服务机构也在此处高度聚集。中环的大部分土地都被用于商业和综合功能开发、政府机构及居住社区、公共绿地与公共空间。中环目前的建筑面积超过了 400 万平方米，并拥有国际金融中心等在内的众多商业楼宇。

在横向空间利用上，香港中环强调多种产业与居住功能的混合布局，主要功能包括商业区、商务办公区、行政文化区、居住区以及生态绿地开敞空间。在纵向空间利用上，单体建筑功能高度混合。例如，香港国际金融中心主要功能包括写字楼、大型商业综合体、酒店等。整栋建筑为地铁上盖物业，通过步行天桥连接周边建筑。

3.4 推动城乡基础设施结构转变

基础设施是推动形成绿色发展方式和生活方式的重要载体和关键支撑,是提升城市竞争力、改善人居环境质量、保障城乡安全、促进地区经济增长、推动高质量发展的重要抓手。绿色发展对城乡运行的效率、和谐与可持续性提出了更高要求。在绿色发展新理念的指导下,为实现城乡建设的绿色增长,应以交通设施的供给侧结构改革为重点,处理好交通基础设施、运输服务发展的巨大需求以及资源环境有限供给之间的关系,推动基础设施向绿色高效转变。

3.4.1 推动交通基础设施供给侧结构性改革,提高交通能效

在我国城乡建设中,基础设施建设一直是保障改善民生与推动经济发展的重点领域之一,是推动绿色增长的基础性、先导性领域。[1] 因此,为实现绿色增长,需要推动交通设施转变,具体如下:

从道路交通为主转向轨道交通为主:建设快速轨道交通设施网络。重点建设以高速铁路为核心,由城际轨道、市域快线交通、城市内部铁路(地铁)共同组成的轨道交通设施网络。相对于公共汽车、私人汽车、自行车等大众交通工具而言,快速轨道交通具有大运量、低能耗、低噪声、高速度、低成本、低污染、占地少等优势,是其他交通方式无法替代的。轨道交通不但能提供优质高效的公交出行服务,而且是一种集约的交通出行方式,能有效节约能源和土地资源。

从私人交通为主转向公共交通为主:以公共交通模式为优先,推动市民公交出行。加强城市公交基础设施建设,打造一体化公共交通设施系统,促进轨道、快速公交系统、常规公交和慢行网络的融合。加大公共交通投入力度,改善城市公交发展的软、硬件环境,对城市

[1] 杨传堂:《拓展基础设施建设空间》,人民日报,2015年11月。

公共交通基础设施建设进行升级改造，不断提高公交运行速度和服务质量。优化调整常规公交网络，在轨道覆盖不足或无轨道区域，加密常规公交网络和服务。强化地面公交路权保障，探索实施公交车信号优先。

案例：巴西库里蒂巴——通过快速公交系统建设，实现绿色增长

20世纪70年代，库里蒂巴提出"可持续发展"理念，是快速公交系统的起源地。库里蒂巴以优先发展公共交通为基础，取代不利于环境的私人轿车；鼓励市民参与，取代大包大揽的规划，激发了公众参与热情，其快速公交系统实现了城市的快速人员物资流动，且维持了自身的财政平衡，在公交主导的城市土地开发中，提高了土地的利用效率，更好地发挥了土地的潜力。

主要行动措施如下：

（1）布局合理的公交网络，快速公交系统（BRT）－环形道路系统－支线补给线路三级公交网络，实现了快速联系和服务范围的高度覆盖。

（2）多样的功能专线（旅游专线－医院专线－特别线和就业专线），实现了多样的城市功能；私营部门的参与，实现了公交运营和维护的效益。

（3）以公共交通引导土地利用布局，同时，土地集约利用支撑公共交通发展（只允许在公共交通能到达的地区进行新的开发）。

绿色增长成效卓著。库里蒂巴保护单位如公园、保护地、自然森林等持续增加，人均绿化面积增加至64.5m^2；被联合国选为"最适合人类居住的城市"，吸引了众多人口和绿色商业投资进驻。1970—2010年，库里蒂巴的人口增长了近2倍，从60.9万人增加到175.2万人（图3-9）；40年里经济增长率为7.1%（全国平均水平为4.2%），人均收入比巴西平均水平高66%。

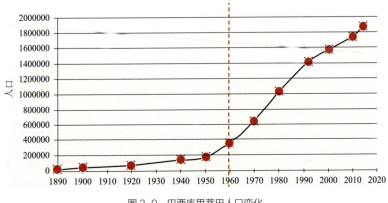

图3-9 巴西库里蒂巴人口变化

从建设道路向提高通行效率转变：加快城市快速交通体系的建设，提高城市的汽车通行效率以及城际间的路网快速通行效率。

从单一车行体系为主转向分行体系为主：推动构建包括车行、慢行的交通分行体系，建设机动车专用道、自行车专用道和慢行步道系统。择优选择绿道网络串联的发展节点。确定绿道网络的适宜路径，选取开敞空间边缘、交通线路和已有绿道等作为城市绿道选线的依托，以优先串联重要节点为目标，综合考虑长度、宽度、通行难易程度、建设条件等因素，对线性通廊进行比选，确定绿道的适宜线路。[1]

从以车为主的"宽街廓、大马路"向以人为主的"小街区、密路网"转变（图3-10）：建立老城区高效多样性的路网结构，提倡融合街道的交通功能与场所功能，既满足机动车通行，又能为步行、自行车提供宜人尺度的街道空间，并且通过创建连接路使主要的城市公共空间和节点相互联系，增强人的体验感与互动感。确定合理的路网密度，多划分街区数量，使街区尺度变小，路网密度相应提高。[2]

3.4.2 构建高速、移动、安全、泛在的网络化基础设施体系

构建综合交通基础设施网络，增强区域连接能力。完善城市对外的交通基础设施，增强区位优势，以吸引产业与人口。建设由城际轨道、高速铁路、民航客运、高速公路等构成的快速交通网，提高交通基础设施体系品质，满足人口在城际之间快速、便捷移动的需求。

建设适应商品物流高效运转的货运交通体系。建设以高铁、机场、港口为核心的综合货运中心，提高各种运输方式的有效衔接程度。推动物流中心与航空枢纽、铁路等交通网络同步建设，推进机场、铁路站场、公路站场、港口码头，以及物流功能区设施建设，加

---

[1] 自然节点：指具备生物多样性、景观独特性的区域。包括自然保护区、风景名胜区、水源保护区、旅游度假区、森林公园、郊野公园、农田等。

人文节点：指具有一定文化、历史特色的地区。包括人文遗迹、历史村落、传统街区等。

城市公共空间：包括城镇建成区内部的大型居住区、大型商业区、文娱体育区、公共交通枢纽等重点地区，以及公园、广场、绿地等公共开敞空间。

城乡居民点：城乡宜居社区、乡镇、村庄等。

[2] 申凤、李亮、翟辉：《"密路网，小街区"模式的路网规划与道路设计——以昆明呈贡新区核心区规划为例》，《城市规划》2016年第5期。

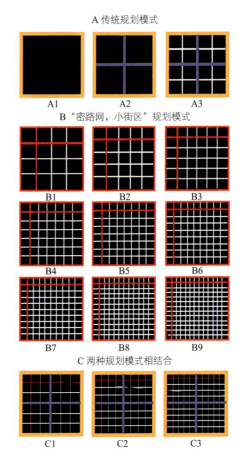

图 3-10 街区尺度与路网密度

图片来源：申凤、李亮、翟辉：《"密路网，小街区"模式的路网规划与道路设计——以昆明呈贡新区核心区规划为例》，《城市规划》2016年第5期

强公路与机场、港口、铁路站场等交通枢纽的有效衔接。

区域协作共建区域性交通基础设施。在一体化地区程度较高的区域，鼓励城际交通公交化，小至公共汽车，大至轨道交通，均可实现公交化，典型如广州—深圳的高铁。城市宜在城市边界地区与邻近城市共建枢纽型基础设施，促进边界地区经济增长。

建设智能电网，搭建供电用电调节机制。在集成高速双向通信网络的基础上，利用先进的设备、技术和控制方法以及先进的决策支持系统，为城市居民提供稳定可靠、经济高效、环境友好的电力网络。提倡分布式电源接入及储能。智能电网可以接入小型家庭风力发电和屋顶光伏发电等装置，促进电力用户角色转变，使其兼有用电和售电两重属性，为用户搭建一个家庭用电综合服务平台，帮助用户合理选择用电方式，节约用能。

建设智慧水务，把握智慧城市的生命动脉，实现智慧城市水务的控制自动化、管理协同化、决策科学化和服务主动化。智慧水务能够监控和维护水源地、自来水管网、排水管网、城市生态河湖水系等水体的质量，保证适合水体生物的生存环境以及水资源的合理布局、调配、决策。建立防洪抗旱减灾、城乡供排水和生态河湖工程等控制体系，实现水务工程及时可靠的自动、智能化控制。

3.4.3 推广绿色工艺与能源，建设绿色低碳循环基础设施

绿色增长是一种科技含量高、资源消耗低、环境污染少的增长，需要绿色工艺与绿色能源作为支撑才能真正实现，要通过扎实的行动摆脱高耗能、高污染困境，走低碳循环经济之路，推动基础设施的低消耗、低排放、高效益。具体从以下几点着手：

确立绿色基础设施格局。梳理城市生态景观的"点线面"，确保城市自然生态安全格局；从保护自然生态出发，改造道路工程、排水、能源、洪涝灾害治理以及废物处理设施，构建人文、自然交融的绿色基础设施格局。

采用绿色规划设计、建设工程技术与施工标准，改造传统基础设施。根据资源环境承载力，因地制宜地明确基础设施的空间布局、技术标准和建设规模。统筹利用基础设施的线位、通道、枢纽等资源，倡导工程建设企业采用资源再生循环系统。

推进绿色清洁能源基础设施建设。在基础设施领域，全面推广绿色建筑和建材，促进基础设施建设的节能减排。加快发展太阳能、风能、水能、地热能等可循环使用能源，加快建设天然气、煤层气等开发设施，降低基础设施的能源消耗。

污水处理和治理。在乡村地区，可通过建设生态湿地、生态沟渠等，发挥自然净化能力。在城市地区，重点建设污水处理厂等防治设施，通过应用生态型污水处理技术，系统管治江河流域，保证生态安全屏障；普及、鼓励再生水利用，提高中水回用率和利用率，加强中水回用城市基础设施建设，铺设再生水管网，满足再生水入户条件，减少对水资源的污染，节约城市水资源。

推进海绵城市的建设。建设自然积存、自然渗透、自然净化的海绵城市，不仅可以把雨水留下来，作为补充地下水和雨水利用的重要途径，还能有效缓解城市内涝，改善城市水生态，促进生态文明城市、节水型城市和低碳城市建设。推进新老城区海绵城市建设，编制城市总体规划、详细规划以及专项规划时，将雨水年径流总量控制率作为其刚性控制指标。推进海绵型建筑和相关基础设施建设。推广海绵型建筑与小区，因地制宜采取屋顶绿化、雨水调蓄与收集利用、微地形等措施。推进公园绿地建设和自然生态修复。推广海绵型公园和绿地，通过建设雨水花园、下凹式绿地、人工湿地等措施，增强公园和绿地系统的城市海绵体功能，消纳自身雨水，并为蓄滞周边区域雨水提供空间。

3.5 推动老旧小区改造，节能降耗提升品质

老旧小区居住着大量人口，推动老旧小区改造以达到节能、降耗、品质提升，关系到城市人居环境优化、风貌提升、文化延续、基

层社会治理等方面，是实现人民群众对美好生活向往的重要举措，能促进城市既有建成区生产、生活、生态统筹发展，推动城市老旧小区长远的绿色发展。

3.5.1 积极推动我国老旧小区改造提升

老旧小区是我国城市发展到现阶段普遍存在的一种社区类型，是城市品质的"洼地"。全国城镇老旧小区约 60 多亿平方米，2000 年以前建成的老旧小区有 15.9 万个，现多为无物业管理的社区。老旧小区的环境建设标准低，基础配套设施不完善；小区卫生脏、环境差，公共配套设施不足。随着我国的经济快速发展，在快速城镇化的过程中，人民对居住生活环境的要求也不断提高，城市老旧小区的改造变得迫在眉睫。

老旧小区改造能改善人民生活居住状况，提高生活环境品质。通过改造完善小区的强弱电、二次供水、排污排水等基础设施条件后，使老旧小区居民有条件完善家庭抽水马桶、空调等设施，改善居住条件。老旧小区环境的改善，解决了人民日常最关心、最直接、最现实的居住条件问题，改善了人民的生活环境，提高了生活品质。

针对老旧小区，要优化空间资源配置，改造提升社区环境和设施，健全社区公共服务，推动社区邻里交往，改善居住环境。从街头巷尾、房前屋后挖掘闲置空间，改造成为社区居民日常聚会闲聊、儿童玩乐的公共空间和休闲绿地，同时对已有的公共空间加以优化，使其更加贴近居民使用需求，尤其重视建设老年人无障碍化的公共通道和设施设备。划定停车场地，适当引入立体停车，规范居民停车位置，避免乱停车导致空间资源浪费。政府要对投资大的基础设施和电梯加装给予资金和政策支持，并统筹推进三线下地。老旧小区的改造可以协调社区内各方面的关系，化解不平衡、不和谐因素引发的矛盾，营造和谐的社区邻里环境。老旧小区的改造可以促进发展社会养老、托幼、医疗、家政、助餐等服务。经过一系列的措施,逐步优化社区居住品质,让居民与城市社区环境和谐共处,使居民在城市社区中有获得感、幸福感、归属感,与此同时,促进城市更新,提升城市品质,推动城市开发建设向内涵式发展转型。

> **案例:日本东京都·武藏野市的"梦巴士"**
>
> 武藏野市的住宅区面积占全市的一半。为解决住宅区多数老人"想出去买东西,但是巴士站太远"的抱怨,于1995年11月底,吉祥寺站住宅区间的30分钟循环公交车开始营运:
>
> 费用一律100日元(约6.2人民币);小型公共巴士容易转弯绕路,而且更容易进入窄小的住宅区道路;提供借用雨伞服务;有15个老人优先座位;为了上下车的方便与安全,把出入口降低到距地上15cm距离;每个车站的距离为200m左右。
>
> 只要能满足老人或主妇的使用需求,就能达到市民的需求。武藏野市于1995年制定了以步行者和身障者为主角的"市民交通计划",而小型巴士政策就成了交通变通的支援系统。

3.5.2 推动建筑的节能减排及能源节约,促进节能降耗

老旧小区建筑的建成年代较长,受当时的建设条件所限,整体建筑较少考虑建筑节能设计,如无屋面或墙体保温层、外窗多为单层玻璃,且因施工技术受限及年久失修等原因,导致建筑气密性差。因此,老旧小区的建筑通常为非节能建筑,其建筑围护结构热工性能差,建筑耗热量高,与目前已经实施的新建建筑要达到75%的节能标准相比差距甚远。因此,针对老旧小区建筑的外墙、外窗、屋面等部位的围护结构节能改造非常必要。[1]

推进建筑节能与绿色建材使用,引导社区改造走节能、高效、绿色、低碳的发展道路。节能改造工程不同于新建工程,是在不改变既有建筑功能的基础上对建筑外围护结构进行节能改造,需要紧密结合

---

[1] 于学磊:《老旧小区节能综合改造效果分析研究》,清华大学硕士学位论文,2016。

现状对每栋楼进行针对性处理。改造内容包括外墙及屋面保温改造、节能门窗更换、空调室外机规整、外窗防盗护栏翻新、屋面防水、避雷系统、雨水管更新等，涉及绿色建材的使用等。建筑节能改造和绿色建材的使用，能推动绿色投资，促进绿色增长，培育清洁、低碳、环保等战略性的绿色新兴产业。

通过老旧小区综合改造，可提高小区节能标准，降低建筑的能耗和排放，提高社会经济增长的总体质量和效益。老旧小区节能综合改造对绿色城市发展、节能减排起到了推动作用；对减少资源开发及环境保护起到了积极作用；同时，老旧小区居民作为直接受益者，生活质量的提高，对改造工作的认可，对全面建设绿色节能城市起到了推动作用。

相关数据

据统计，2014年，我国北方地区共完成既有居住建筑供热节能改造2.1亿平方米，南方地区的既有居住建筑节能改造也在稳步推进中。

根据对改造后小区居民的问卷调查，居民在房屋保暖性上满意度高达90%以上，房间采暖温度普遍提高3~5℃，室内生活舒适度明显提高。通过走访小区供暖单位，在暖气同样供水温度的情况下，回水温度提高，锅炉房节约燃气效果明显。

案例：沈阳市老旧小区牡丹小区外墙保温节能改造

牡丹小区给老旧住宅楼加装保温层（图3-11），加装保温层后的八大栋外立面焕然一新，保温效果的提高更是给居民带来了实实在在的益处。

图3-11 改造前后的牡丹小区八大栋

3.6 推动绿色生活，促进循环经济

绿色的生活方式是实现绿色发展重要的保障，倡导绿色消费的价值观能够有效引导生产向绿色发展转变，促进循环经济的形成和持续发展。绿色生活方式的形成并非一蹴而就，需要向广大民众长期倡导绿色生活、共建共治共享的绿色发展理念，鼓励居民积极使用绿色的产品，动员周围居民一起参与到绿色志愿服务中，让绿色消费、绿色出行成为社会的自觉行动与社会共识。反过来，通过对绿色消费的积极倡导，可以促使涉及居民出行、居住、休闲等各个领域向绿色生产转变，让居民可以充分享受到绿色发展所提供的优质生态产品、生活产品。

3.6.1 建设步行和自行车友好城市，促进绿色出行

自行车道的建设与提升是推动市民绿色出行的主要方式。因此，应制定步行和自行车优先的交通政策，建立自行车道体系，推动市民从汽车出行转向绿色低碳出行，让自行车解决出行"最后一公里"难题。通过自行车节庆活动、自行车培训与咨询等活动的开展，培养城市自行车使用氛围，宣传自行车文化，通过城市符号植入将自行车文化融入城市生活中，提高自行车通勤分担率。

建设形成"自行车高（快）速路—自行车主干道——般自行车道"的自行车道体系（表3-1、图3-12）。自行车高（快）速路的建设需要城市群中的中心城市与周边城镇的协调，主要连接郊区居住区和市中心办公、教育、公交站点等重要节点。

建设自行车道的五个参考原则[1]：

骑行环境更安全：保障自行车道路权，通过物理隔离、通道专属、渠化交通等多种措施，加强机动车道和非机动车道隔离，塑造更安全的骑行环境。

---

1 深圳交委：《骑行党福利：深圳新建道路须100%设置独立自行车道》，《深圳特区报》2018年5月17日。

自行车道体系 表 3-1

等级划分	功能定位	路权形式	交叉形式	设计车速
自行车高（快）速路	骨干线，承担骨架功能	路权专有	自行车与行人、机动车完全分离，多以高架形式出现	25~35km/h
自行车主干道	自行车干线，自行车流量较大或绿道、旅游休闲专用道	车道专用	单独设置或与道路结合设置，平面交叉	15~30km/h
一般自行车道	自行车网络主体	专用车道或混合车道	与道路结合设置，平面交叉	15~20km/h

图 3-12 厦门、广州、哥本哈根自行车车道案例
图片来源：中山大学城市化研究院、厦门岛自行车道系统布局规划

自行车道更连续：打通公共出行"最后一公里"，构建分片区、分层级自行车通道，保障自行车道成网成片，提供时空连续的自行车通道。

群众出行更便捷：持续完善自行车停放设施，鼓励应用互联网、物联网、人工智能等技术手段提升设施服务能力，促进自行车停放设施与轨道/公交站点、大型公建区、居住区等的一体化规划建设。

生活品质更舒适：把自行车道建设与提升城市幸福感、健康度等工作结合，坚持精品意识和工匠精神，高标准、高要求建设自行车道，提升自行车道的无障碍化，通过设置减速丘等设施提升自行车道的稳静化水平，增强骑行体验感，塑造更舒适的城市生活品质。

服务体系更高效：坚持市场化原则，建立政府监管平台和市场服务平台，规范、鼓励和引导互联网共享自行车健康、有序发展；理顺自行车交通设施规划—建设—管理的体制机制，鼓励社会资本参与自行车交通设施建设。

3.6.2 推广共享停车场设施，缓解停车难问题

"停车难"已成为城乡建设与空间布局中的重大难题，共享停车场的出现为这一难题提供了新思路，能有效改善停车环境、提高交通通行效率。以"共享停车场"为抓手，优先满足居住夜间停车需求[1]和公益服务停车需求，适度满足商业停车需求，具体可从以下几方面开展工作：

提高公建区、居住区停车资源开放程度。将单位内部停车、大院停车资源纳入规范化管理。住宅小区、医院、学校等停车矛盾突出区域，周边经营性公共停车场原则上应全天开放。根据业主大会决议，全体业主共有的住宅小区可向周边开展停车位有偿错时共享。

建立停车资源登记监管平台，"错时共享"停车。建立停车资源登记制度和信息更新机制，每个城市将全市的停车资源基本信息统一纳入监管，鼓励居住区白天、公建区域夜晚，分别提供错时停车位。

推广建设机械式立体停车设施。包括地上机械式立体停车设施和地下机械式立体停车设施。鼓励盘活存量用地用于机械式立体停车设施建设，鼓励在满足充电及消防安全的前提下安装一定比例的充电设施，鼓励社会力量参与机械式立体停车设施建设及运营。

3.6.3 垃圾分类和处理，改善生活环境，促进循环经济

制定制度鼓励垃圾分类。通过合理的生活垃圾交换制度、收费制

---

[1] 社会停车资源夜间闲置：北京东城区交通委相关负责人表示，东城区的社会配建停车场、单位大院停车场，夜间停车率只有40%左右，全区可利用的共享停车位有3.8万个。

度、押金制度等，给予垃圾治理主体一定的经济利益，激励其做出有利于垃圾分类和处理以达到保护环境的行为。实施城市"垃圾分类冲抵物业费"制度、垃圾征税制度、垃圾"计量计费"的垃圾收费制度等，借鉴德国、库里蒂巴等先进经验，实施饮料瓶押金制度，鼓励市民回收垃圾交换食物、文具、车票等生活用品等。

> **案例研究：德国饮料瓶押金制度——引导垃圾回收观念形成**[1]
>
> 从2003年起，德国实行塑料瓶和易拉罐回收押金制。居民购买1.5L以下的水、饮料时，商品价格里自动征收0.25欧元的瓶子押金，还瓶后才能拿回押金。德国的大街小巷已经遍布十多万台瓶子回收机器，每个超市都有瓶子回收机。由于押金比一瓶水的价格还高，所以在德国几乎没人会乱扔瓶子。德国如今的饮料瓶回收率已高达97%。

推广使用垃圾分类设施，采用回收技术对垃圾进行循环利用。建立分类投放、分类收集、分类运输、分类处理的垃圾处理系统。对生活垃圾分类实行"有害垃圾、可回收物、湿垃圾和干垃圾"四分类标准。采用新技术对垃圾进行去污、降解、回收、再生产，杜绝对环境产生污染。鼓励采用绿色可回收材料，建筑垃圾在进行生态工艺处理后，通过绿色循环作为再生材料可再次用于建筑，降低资源损耗。

搭建垃圾智能回收管理系统。通过"互联网+"建立垃圾集运系统与再生资源回收循环系统的衔接，实现垃圾分类投放、垃圾桶称重检测、分类收运物流全信息链接。

加强监督和考核。通过第三方单独收运可回收物及有害垃圾等措施，加强对既有分类小区的长效管理，重点加强对混收混运的监督管理，严防"源头分类、中端混运、后端混合"问题。

变废为宝，保护生态资源。通过发展循环经济，可推动生态化、绿色化改造，最有效地利用资源保护环境。对企业来讲，可以促进产品结构调整，推动技术进步，提高市场竞争力；对全社会来说，可以

---

[1] 广州日报：《买饮料收押金，退瓶子就退钱》，《广州日报》网络版2018年4月2日，http://m.gmw.cn/2018-04/02/content_28191530.htm?s=gmwreco&p=2，访问日期：2019年5月13日。

优化产业结构，提升经济素质和发展质量，以尽可能少的投入，创造尽可能大的经济社会效益。

> **案例：库里蒂巴——"绿色交换项目"引导民众树立绿色消费观念**[1]
>
> 库里蒂巴是巴西南部巴拉那州的首府，1990年被联合国提名为第一批世界上最宜居的生态城市之一。
>
> 贫穷的家庭用垃圾袋换取公共汽车票、生产过剩的食品和小孩上学用的笔记本、玩具、零食、演出门票等。把分拣出来的废品送到超级市场，可以换回蔬菜，使贫民得到实惠。
>
> 通过上述鼓励措施，吸引了超过70%的家庭进行垃圾分类，垃圾的循环回收在城市中达到95%。每月有750吨的回收材料售给当地工业部门，所获利润用于其他的社会福利项目。
>
> 垃圾回收利用公司为无家可归者提供了就业机会。

---

[1] 网易探索：《库里蒂巴：可用垃圾换食物的城市》，网易新闻网2014年7月1日，http://discovery.163.com/14/0701/22/A03POAG900014N6R.html，访问日期：2019年5月12日。

杨晴：《城市生态科技的典范Curitiba：全中国城市学习的榜样》，美国华裔教授专家网2018年2月8日，http://scholarsupdate.hi2net.com/news.asp?NewsID=24175，访问日期：2019年5月12日。

3.6.4 发起绿色消费的宣传与公益行动，从小事做起

做好绿色消费宣传，从教育抓起。将绿色消费纳入第二课堂等社会实践，设立"绿色消费免费大学"，举办短期学习班，提供活泼又切合实际的课程内容。与建筑协会、工会等联合开办绿色技术培训班，培养将绿色技术融入建筑设计、土木工程等领域的复合型人才。

做好绿色消费宣传，从社区做起。对内负责为居民提供关于社区的信息、绿色消费项目的介绍与咨询，发放环保小报，举行社区废弃物再利用课堂。对外宣传、接待、提供绿色消费信息、展示采用的各种环保技术和产品。

推广使用绿色农产品。统一无公害农产品、绿色食品、有机产品的认证体系。构建农产品生产追溯网站，提供产品名称、产地、农民及联系方式、农药残留检验报告等信息。支持市场、商场、超市、旅游商品专卖店等流通企业在显著位置开设绿色农产品销售专区。

鼓励减少一次性用品使用。鼓励消费者使用购物袋、未包装蔬菜、自带咖啡杯等。鼓励制造商和销售商对产品尽量使用简易包装或不包装。鼓励酒店不提供一次性洗漱用品，鼓励入住者自带用品。

> **案例研究：德国"无包装"超市[1]**
>
> 柏林2014年9月开业了全德国首家无一次性包装超市"原产无包装"（Original Unverpackt，缩写OU）。德国其他地方也有类似经营理念的商家，比如波恩的富兰寇斯特（Freikost Deinet）食品店，也是在保证食品安全的前提下，尽量散装出售避免包装。德累斯顿的露丝（Lose）、基尔的安文派克（Unverpackt）也都是秉承不用一次性包装出售产品的原则，慕尼黑的"无塑料区域"顾名思义，是不用塑料包装出售食品的商店。

[1] Gizmag:《德国首家无包装无废物超市即将开业》，2014年6月3日，http://jandan.net/2014/06/03/original-unverpackt.html，访问日期：2019年5月13日。

3.7 创新绿色建筑新技术、新材料、新标准

建筑业的转型升级，必然带来建筑业的利益格局以及生产方式的大变革。推广新技术、新材料、新标准的使用能实现建筑节能环保，转变传统建筑生产方式，推动形成建筑业的绿色发展方式，形成绿色增长新动力，并进一步满足人民群众对美好绿色生活的需要。

3.7.1 推广钢结构建筑体系

当前混凝土结构的建造生产方式不可持续。我国每年房屋新开工面积约20亿平方米，90%以上是混凝土结构建筑，其原材料水泥和砂石的开采破坏自然环境，且不可回收，导致大量建筑垃圾产生。混凝土结构建筑消耗的能源占全社会总能耗的30%，加上水泥等建筑材料生产过程中的能耗将接近50%，混凝土结构建筑建造过程中产生大量现场扬尘加重空气污染，同时施工需大量人工操作，多工艺制作及

建造周期长，导致混凝土工程质量参差不齐。

推广钢结构建筑体系对实现绿色增长具有重要意义。通过钢结构建筑体系，减少对混凝土、水泥等的需求量，减少建筑污染，能够从源头上实现城乡建筑的绿色生产。同时钢结构建筑体系便于实现体系的标准化、通用化、生产工业化、协作服务社会化以及高度融合的全产业链，有助于化解国内钢铁行业过剩产能，进一步促进产业转型。钢结构的推广对国民经济有着重要的拉动效应，并且通过形成新的产业促进城市增长，增加有效投资。

钢结构为可再生资源，可回收率达 80% 以上，使得建筑垃圾大幅减少，促进循环经济的增长。钢结构建筑的耗能比混凝土建筑减少约 20%，二氧化碳排放量减少约 30%。施工工期平均比混凝土结构建筑缩短 1/3~1/2，并且钢结构工厂化生产，现场作业量少，质量可控。具体手段包括：

在技术方面，加强科研投入、技术创新，推动钢结构建筑产业体系化、标准化、通用化。鼓励使用新材料、新工艺、新设备，降低成本，提高质量。

在财政政策方面，对钢结构体系实行免税减税的优惠措施，培育市场，鼓励供给侧结构性改革。

在人才方面，构建多层次钢结构专业技术人才培养体系，鼓励高校、科研、设计、制造、安装、管养等单位加强钢结构专业技术人才引进和培养。

在循环利用体系方面，建立用钢循环利用体系，引导钢铁企业有效利用废钢，提高综合循环利用能力，形成完整产业链。

案例：日本——装配式建筑促进绿色增长[1]

政府引导装配式建筑产业化发展

日本作为资源能源非常匮乏的国家，在住房需求高涨和劳力不足的情况下，从20世纪60年代起开始探索住宅工业化，逐渐实现建筑标准化和部件化。

到2015年的第九期"节能装配住宅建设五年计划"，日本的建筑单位平均能耗指数从1945年开始下降了137%，使日本成为建筑单位平均一次能耗量全球最低的国家，并保持世界最高的建筑能源利用率。

住房建设带动系列相关产业发展，包括钢、木、混凝土、家装（厨、卫、浴、柜、桌椅等）等，装配式建筑以"打包"方式整合建筑产业链，把设计、施工和采购等多方连接在了一起，实现高度专业化、分工精细化管理。

淘汰落后的城乡建设方式，促进绿色增长

自1945年起，日本政府通过制定装配式建筑的环保政策，同时出台国家和地方的财政补助激励优惠政策、税收减免优惠政策等金融政策，引导住宅建设节能化，鼓励企业和居民参与住宅环保建设，逐步淘汰落后的城乡建设方式。

装配式建筑具有社会、企业、消费者等多方面的效益，有效促进绿色增长。工厂批量集中的预制件生产使得建造能耗低于传统手工方式，改变了混凝土构件的养护方式，实现养护用水的循环使用，降低了建筑主材和辅材的消耗损耗，减少了建筑垃圾的产生、建筑污水的排放、建筑噪声的干扰、有害气体及粉尘的排放，大大提高企业生产效率、设备周转率、资金周转率，从出品质量、后期维护、房屋性能、使用安全性等多方面提高了消费者效益。

[1] 资料来源："国际城市规划"和"量树科技"公众号。

3.7.2 建立并推广新材料绿色建筑和绿色标准体系

我国自2006年发布第一部《绿色建筑评价标准》以来，经过十余年的发展，绿色建筑已从点的推广示范，转变为目前的全面发展，成了建筑行业实现绿色转型发展的重要标志。目前我国已有29个省市相继成立了绿色建筑评价标准的管理机构，颁布了相应的绿色建筑标准管理办法。

> **专栏：现行绿色建筑评价标准**
>
> 国际上对绿色建筑较权威的评估标准为美国绿色建筑委员会（USGBC）LEED认证，其执行标准划分为必选项和得分点，必须满足所有必选项才被认可是绿色建筑，而得分点则是用来为绿色建筑颁发三个级别的奖项：银奖、金奖和白金奖，以反映建筑的绿色水平。LEED评估体系由六大方面和若干指标构成其技术框架，主要从可持续建筑场址、水资源利用、建筑节能与大气、资源与材料、室内空气质量和创新设计（维护）等方面对建筑进行综合考察，评判其对环境的影响，且每个方面所占比重不同，最终进行综合得分。[1]
>
> 为建立鼓励发展绿色建筑的自评系统，住房和城乡建设部在2006年出台了《绿色建筑评估标准》（GB 50378—2006）和相关技术细则，确立绿色建筑的评估系统。我国的绿色建筑标准是将建筑生命周期的每个板块执行标准分成三部分：必选项、一般选项和优先选项。必须符合所有的必选项，才可被称作绿色建筑，而一座绿色建筑又可依照一般和优先选项的多少评为一星、二星或三星。
>
> 此外，在地方层面，部分省份也针对各自情况出台了相对应的绿色标准体系。福建省从2004年起相继颁布了《福建省居住建筑节能设计标准实施细则》和《福建省公共建筑节能设计标准》，以发展节能省地型住宅和公共建筑，制定并强制执行更加严格的节能、节材、节水标准。这一标准对公共建筑每个朝向的窗墙面积比例有了明确要求，即不应大于0.7；对屋顶透明部分的面积也作出不应大于屋顶总面积20%的具体规定；同时，提出建筑总能耗要实现减少50%的目标（与20世纪80年代初相比），其中建筑围护结构和采暖通风空调的节能贡献率大约各为20%，照明节能贡献率约为10%。[2]

建立并推广服务于现阶段需求的绿色建筑标准体系，引导建筑节能减排和绿色增长，满足人民群众对美好生活的需求，是目前需要解决的重点问题。住房和城乡建设部《建筑节能与绿色建筑发展"十三五"规划》提出要实施"绿色建筑倍增计划"，明确到2020年全国城镇绿色建筑占新建建筑比例超过50%，"十三五"期间新增绿色建筑20亿平方米。因此，通过一系列手段加大对绿色标准体系的执行推广至关重要，具体包括：

推动建筑节能、绿色建筑相关标准体系的编制。借鉴国内外经验，修订完善我国绿色建筑标准体系，编制一批绿色建筑和建筑节能工程建设标准、图集、工法，对建筑的节能、节水、节地、节材、室内环境及对生态环境影响等指标给出量化的标准值，满足绿色工程建设和技术的推广需要。

---

1 李本强：《图书馆节能与绿色建筑设计》，《图书馆建设》2010年第12期。

2 陈福谦、曾俊英：《推进建筑节能设计 营造健康舒适建筑》，《深圳土木与建筑》2005年第3期。

建立财政奖励，对绿色达标建筑给予经济激励。为推动绿色标准使用，充分发挥其示范带动作用，针对达标的绿色建筑建立财政奖励标准，推动出台并落实一系列经济激励政策。如提出绿色标准达标奖励、绿色建筑主要技术应用奖励、公积金贷款利率优惠、峰谷分时电价等激励政策。

鼓励政府机关与事业单位在绿色标准执行上起示范带头作用，率先推动全社会绿色标准实践工作。对政府投资的国家机关、学校、医院及其他公共建筑等，直辖市、计划单列市及省会城市的保障性住房，以及单体建筑面积超过 2 万平方米的机场、车站、宾馆、饭店、商场、写字楼等大型公共建筑，率先全面执行绿色建筑标准。[1]

发挥房地产开发企业在绿色材料使用和绿色标准执行上的引领效应。推动房地产企业制定企业绿色建筑的发展战略，不断提高产品的绿色化水平和品质，通过制定企业标准指导各级公司开发绿色产品，逐步将绿色要求纳入企业产品的管理流程，将绿色理念融入产品内涵，突出不同技术特点，打造体现各具特色的绿色建筑品牌，引领全社会企业执行绿色建筑标准。

提高绿色达标建筑的商业价值，促使业主主动使用绿色新材料。政府对使用绿色材料并已达标的绿色建筑在网上和当地进行绿色建筑标识广告，允许达标的绿色建筑较未达标的建筑的租金有所上浮，并鼓励租户选择达标建筑，通过日常居住使用能源费用的减少而降低整体租住成本，从而使达标的绿色建筑更受租客欢迎，促使更多的建筑业主使用绿色建筑材料、参与绿色标准执行。

做好绿色宣传教育工作，让绿色建筑进入普通百姓家。绿色建筑新材料与新标准的使用离不开全社会的积极参与。大力做好宣传教育工作，让绿色节能建筑的理念在全社会范围内深入人心，让绿色建筑节能融入普通百姓的日常生活。鼓励全社会关注、参与和监督政府出台的建筑节能政策和绿色建筑的推广政策与措施。

---

[1] 童春华：《绿色建筑引领未来建筑发展——住房城乡建设部总工程师陈重、建筑节能与科技司巡视员武涌谈建筑节能和绿色建筑》，《中国勘察设计》2017 年第 7 期。

04

基于绿色增长的城市建设体检与评估

- 本章将基于绿色增长的城乡建设分解为可度量的指标，构建一套具有可靠性和有效性的评价体系，旨在为城乡建设决策者在策略决策过程中，针对各个城市的经济发展特点，具体问题具体分析，找到具体可度量的指标"对症下药"。并且在实施措施后，量化及动态地对城市发展的过程和结果进行适时调整，从而也提高政府行政管理及城市管理效率。然而，现有评价指标体系尚不成熟，相关数据难以获取，评判标准较为单一，无法适应我国城乡建设绿色增长的广泛需求。因此，本章重新审视绿色发展模式的内涵，从经济、政治、文化、社会、生态等多角度着手，衡量当前的城乡建设是否实现了"没有城市病"这一目标。

- 本章构建城市体检和评估体系。重点考察城乡建设在生态宜居、城市特色、交通便捷、生活舒适、多元包容、安全韧性、城市活力七个维度的协调统一，同时进行社会满意度调查。

4.1 建设"没有城市病"的城市

转变城市发展方式,推动城市高质量发展,迫切需要建立一套科学、合理、可操作的评估和监测机制,为我国城乡的建设活动进行体检。要建立城市体检评估机制,对城乡建设工作开展实时监测、定时评估和动态维护,建立"一年一体检、五年一评估"的常态化机制。

4.1.1 城市病问题

城市病问题,体现在城市开发强度过大、产业过度集中、人口过度集聚、生态空间和建设空间比例失调等方面。

典型城市病:混凝土森林、热岛效应、城市内涝、交通拥堵、出行难、停车难、环境恶化、城市贫困、住房紧张、应急滞后、管理粗放等。非典型城市病:抑郁症、青少年犯罪、乞丐问题等。

4.1.2 治理城市病问题要"转方式、调结构"

造成城市病问题的主要原因之一是城市经济增长方式不健康。传统的"大投资、大建设、大排放"的粗放式增长方式必然带来交通拥堵、环境污染、城市内涝和居住环境恶化等问题(图 4-1)。

转变城乡建设发展方式,调整经济发展结构,才能根本治理城市病问题。

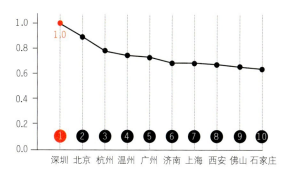

图 4-1 我国大城市的城市病指数前十

图片来源：中国社科院财经战略研究院、社会科学出版社与中国社科院城市与竞争力研究中心共同发布的《中国城市竞争力报告2016》

4.1.3 为建设"没有城市病"的城市，需要建立检测机制

为了更好地检查判断具体城市的城市病，了解其"病症""病因"，需要建立城市体检指标体系。

需要将绿色增长的城乡建设指标分解为可度量的指标（自然生态环境、宜居生活环境、交通基础设施、创新能力、经济竞争力等），构建一套具有可靠性和有效性的评价体系，为城乡建设决策者建设"没有城市病"的城市提供研判依据，从而采取相应措施推进城乡建设发展方式的转变（图4-2）。

现有评价指标体系尚不成熟，相关数据难以获取，评判标准较为单一，无法适应我国城乡建设绿色增长的广泛需求。

图 4-2 城市发展的可度量指标

4.2 城市体检指标选取原则

4.2.1 以落实十九大精神和中央有关文件要求为出发点，目标导向和问题导向相结合来设计体检评估指标体系

具体做到：一是要以推动城市建设由高速增长转向高质量发展为目的；二是要反映发展不平衡不充分问题是否得到改善；三是要反映经济质量和效益是否得到提升；四是要反映人民群众对经济、社会、政治、文化和生态的需求是否得到满足；五是要反映是否能够推动人类社会的全面发展。

4.2.2 城市体检指标选取思路

与城市高质量发展要求相结合，选取城市体检指标既要涉及城市经济、政府治理、环境、社会、文化等各方面，也要细化到土地利用、交通、水、能源、废物、绿化与公共空间、建筑等各个城市子系统，并参考来自多个方面的体检评估指标和城市发展指标。

指标都有可靠的获取途径，以国务院权威部门发布、遥感、地理国情普查、国土调查、大数据为主，其余由地方上报并结合其他手段核对。

在具体指标的选取上同时考虑了抓短板、可获取、国际通用、一致性等原则。

4.3 城市体检指标体系

4.3.1 基本结构体系

重点从生态宜居、城市特色、交通便捷、生活舒适、多元包容、安全韧性、城市活力等七个方面进行客观分析评价。同时开展社会满意度调查，了解人民群众对城市人居环境的主观感受。体检指标分为八项一级指标，包括：

①生态宜居。反映城市的大气、水、绿地等各类环境要素保护情况，城市人口与土地等资源要素的空间协调发展情况，城市绿色建设和居民综合服务便利水平，资源集约节约利用情况。

②城市特色。反映城市历史文化名城保护体系建设、城市风貌塑造以及地域特色传承延续等情况。

③交通便捷。反映城市交通的便捷性，公共交通的通达性和便利性。

④生活舒适。反映住房、公共服务设施的充足、均等、便利程度。

⑤多元包容。反映对城市老年人、残疾人、外来务工人员及国际人口等不同人群和文化的尊重和设施服务程度。

⑥安全韧性。反映城市对地震、暴雨、台风、火灾等灾害的风险防御水平和灾后的快速恢复能力，城市生活的安全水平。

⑦城市活力。反映城市人口和经济的活跃程度。

⑧满意度调查。反映居民对城市人居环境的主观满意度。

4.3.2 共36项指标（表4-1）

基于绿色增长的城乡建设体检与评估指标体系　　表 4-1

项目	序号	指标名称
一、生态宜居	1	区域开发强度（市辖区建成区面积/市辖区面积）
	2	城市人口密度（万人/平方千米）
	3	空气质量优良天数（天）
	4	城市水环境质量达标率（%）
	5	城市生活垃圾分类覆盖率（%）
	6	城市生活垃圾回收利用率（%）
	7	城市生活污水集中收集率（%）
	8	城市公园绿地服务半径覆盖率（%）
	9	民用建筑单位建筑面积能耗（$kW/m^2·a$）
	10	绿色出行比例（%）
二、城市特色	11	城市历史建筑、传统民居保护完整性（%）
	12	城市节假日国内外游客量（万人）
	13	城市老旧建筑改造利用率（%）
三、交通便捷	14	建成区高峰时间平均机动车速度（km/h）
	15	建成区道路网密度（km/km^2）
四、生活舒适	16	完整社区服务圈覆盖率（%）
	17	租房能力（单位面积租金/月均收入）
	18	幼儿园学位不足数（个/万人）
	19	社区医疗服务中心分诊率（人/万人）
	20	社区养老服务老人占比（65岁以上）（%）

续表

项目	序号	指标名称
五、多元包容	21	常住人口基本公共服务覆盖率（%）
	22	公共空间无障碍设施覆盖率（%）
	23	城市最低收入群体居民生活必需品人均消费支出/城市居民最低生活保障（%）
六、安全韧性	24	城市积水内涝最长排干时间（分钟）
	25	万车死亡率（人/万车）
	26	刑事案件发生率（件/万人）
	27	人均避难场所面积（平方米/人）
	28	城市公众安全感满意度调查
七、城市活力	29	常住人口中14~35岁人口比例（%）
	30	小学生新增入学人数增长率（%）
	31	新增就业人口中大学（大专及以上）文化程度人口比例（%）
	32	写字楼空置率（%）
	33	民营经济占比（%）
	34	民营经济新增比例（%）
	35	城市公共WiFi服务覆盖率（%）
八、满意度调查	36	城市风貌特色调查、居民对城市自豪感调查、对外来人口归属感调查等

4.4 城市体检的发展方向

4.4.1 当前，城市政府监测规划落实的评价体系已经成为城市治理的有效方法

纽约年度监测报告针对《纽约2030规划》的19大目标123个

方面进行评价，报告中的分析指标包括目标、上年指标数据、变化趋势等内容。

英国伦敦采用年度规划监测报告（Annual Monitoring Report，简称 AMR）制度，强调定量分析，基于伦敦发展数据库（London Development Database，简称 LDD），对 6 大核心目标、24 个核心指标（Key Performance Index，简称 KPI）进行年度评价，监测报告严格对应规划目标反映政策实施的绩效，形成"规划—监测—管理"的作用机制。

4.4.2 我国城市人居环境监测体系在定位、指标体系、数据获取与处理、机制建设上仍存在很多不足

首先，在定位上，监测体系缺乏支撑城市决策的综合性。各个城市检测体系多服务于某一类或某几类技术或社会领域（如城市规划、生态环境、社会公平等），监测的指标体系与权重计算有所侧重，反映的城市现状不够全面。例如，地方规划部门有针对总体规划的城市监测体系，地方自然资源部门有针对土地、生态资源的监测体系，中央各部委又有考核导向的"文明城市""园林城市"等对地方城市的监测体系，不一而足。

其次，协调性弱、指标不完善、数据质量不高、制度不明确的城市监测体系亟待完善。

4.4.3 未来，城市体检将成为提升我国城市治理能力现代化的重要手段

首先，应逐步将城市体检纳入城市治理决策体系中，形成对于我国各个城市的发展理念、发展方式、发展效果的客观整体评价，可纳

入城市干部考核体系、文明城市评价体系。

其次，城市体检将成为制定城市规划建设管理相关政策的重要依据，解决城市发展中存在的一些突出问题，有效治理"城市病"，促进城市发展方式转变。

最后，有助于提高城市建设的整体性、系统性，统筹城市人居环境建设工作，推动城市高质量发展。

05

案 例

● 本章主要介绍了哥本哈根的绿色城市建设、厦门软件园二期资源优化推动经济转型、横滨市垃圾减量和利用提升经济效益、重庆市璧山区以环境建设促进产业转型升级、加拿大依诺维斯塔生态园区等五个案例,探讨了基于绿色增长的城乡建设的实践,为我们推动城乡建设方式的转型、促进绿色增长,提供了有益借鉴。

5.1 哥本哈根的绿色增长与城乡建设

[1]《十大欧洲智慧城市》,《城市住宅》2014年第3期。

丹麦首都哥本哈根是欧洲绿色之都,是全球绿色城市的典范。哥本哈根曾连续两年在欧洲智慧城市中排名第一,是全球碳足迹最低的城市,也是世界主要城市中对降低碳排放表现最积极的城市(图5-1)。[1]

图5-1 丹麦首都哥本哈根

哥本哈根是绿色经济的领导者,同时也是欧洲生产效率最高的城市之一,以创新、高科技服务和制造出口为特色,拥有一个有效的公共部门。

哥本哈根地区生产总值占丹麦的39%,长期以来一直保持稳定增长,而哥本哈根的经济增长是在改善环境和向低碳经济过渡的同时实现的。

5.1.1 打造绿色产业链,促进经济和产业转型升级

采取新的能源政策,提高能源利用效率,大力发展可再生能源,推动"零碳经济"发展。采用垃圾再利用方式作为区域供暖系统的主要燃料,积极发展太阳能、生物能与潮汐能等其他可再生能源。

打造依靠风能的绿色产业链,促进能源科技研发与转化。建立"绿色实验室",通过创新基金提高新技术的市场成熟度,催生巨大的"绿色产业"(图5-2)。

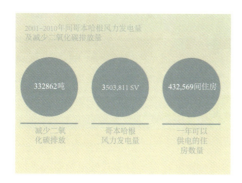

图 5-2　风力发电量及减少二氧化碳排放量

5.1.2　以绿色智慧、循环低碳的理念规划建设城市，营造城市发展新环境

2009 年，哥本哈根市通过了《哥本哈根 2025 年气候规划》，提出分两步建成碳中和城市：首先，到 2015 年使该市碳排放量比 2005 年减少 20%（这一目标目前已提前实现）；其次，到 2025 年实现零排放。

现在，丹麦又雄心勃勃地提出了其 2050 年发展计划——到 2050 年，丹麦全国要完全摆脱对化石能源的依赖，100% 使用可再生能源。

5.1.3　以"减少碳排"为交通规划重点，促进城市低碳增长

交通政策的重点是减少碳排放，减少拥堵和私家车使用，增加多式联运，增加自行车、步行和公共交通的使用（表 5-1）。

提供支持低碳模式选择的基础设施需要多个参与者合作，包括哥本哈根和丹麦政府在轻轨和重型铁路方面的合作以及多个地方市政当局在公共汽车服务方面的合作（图 5-3）。

哥本哈根能源低碳举措 表 5-1

	内容
提高能源效率	加大对区域供热用燃气/沼气发电和综合电网储能的投资,提高系统灵活性,实现风能、太阳能等间歇性可再生能源的集成并网
	减少废物(含塑料)在区域能源燃料组合中的比例
	增加通过微网控制的分布式发电数量,采用电加热(如空气源热泵)与建筑内微可再生发电和蓄热相结合的方式,缩小或替代区域供热系统
	消除能效提升障碍,加大建筑能效改造力度,对于提高微发电和微电网的效益尤为重要
交通方面部署	加大自行车基础设施投资力度
	提高轨道交通网络的效率和集成度,部分通过部署"智能"流动资讯及通信科技基础设施
	为电动、氢动力汽车提供基础设施,并积极给予鼓励

资料来源:哥本哈根指状规划

图 5-3 哥本哈根"大巴黎快线"计划

5.1.4 运用现代技术搭建大数据平台,建设绿色智慧城

建设感测设备,缓解城市问题。"绿波(Green Wave)计划"有

效解决城市发展面临的交通堵塞问题,透过路灯上的传感器,实时搜集路况与车流量,借此调整交通信号,减少骑单车者被红灯挡下的次数,使民众在不间断的绿灯下一路畅通(图5-4)。

建立信息共享平台,运用信息数据平台创造更大价值。运用开放数据(Open Data)、城市物联网平台(IOT Platform for Cities)、城市数据交换(City Data Exchange)等平台,收集公众环境数据,协助市政府达到智慧城市目标,为市民与企业提供更好的生活与投资环境。

图5-4 哥本哈根城市"绿波计划"

5.1.5 绿色出行蔚然成风,倡导绿色低碳生活方式

将自行车系统纳入城市规划和设计,并加大自行车基础设施投资力度。市区已建成总长约400km的自行车专用车道,设置了专门的交通信号灯系统和辅助设施。此外,还修建了自行车"高速公路",尽可能减少中途的停靠,让骑车族享受"一路绿灯"。

大力投资高效可靠的公交、火车及地铁的一体化公共交通网络,其中还包括虚拟一体化(信息科技),使乘客在不同的交通方式之间无缝换乘。如统一车票,使公交、火车和地铁的运营商使用同一车票。公交站与地铁站及其他公共交通设施整合在一起,实现轻松换乘,在三者之间的换乘都是免费的。通过无线电及GPS技术发展公交优先信号系统，使公交使用更方便、更速达。同时，交通管理部门通过网络和移动设备为公众提供充分整合后的实时信息，方便公众了解交通状况及轻松规划行程。

5.1.6 倡导低碳建筑，改善城市环境与休闲生活

"绿色灯塔"是哥本哈根第一座低碳节能建筑，它与周围环境相协调，充分利用采光，节省能源。绿色外墙与周边环境和谐地融为一体，建筑上装有的可调节百叶窗、朝南斜切的屋顶，使建筑采光率达到最大（图5-5）。

太阳能为建筑主要能量来源，实现能量自给自足。灯塔顶部覆盖的太阳能电池板能为水泵、照明、取暖等设施提供电力。该建筑采用的热回收系统、绝缘墙壁、保温玻璃等，在为建筑提供适宜温度等的同时，也高效利用了能源。据统计，"绿色灯塔"对能量的消耗降低到正常水平的75%。

图5-5 哥本哈根的绿色灯塔

5.2 优化空间资源配置，推动社会经济转型：厦门市软件园二期

厦门市软件园二期（以下简称软件园二期）从空间资源优化和基

础设施配套切入，推动社会经济转型。通过集聚优质服务资源，针对性优化资源配置，打造创新生态圈。由此，产业高速发展，员工满意度显著提高，创新创业活跃，创新生态圈初步形成。[1]

> [1] 本案例结合厦门市发展改革委、厦门市软件园提供的相关资料进行修改整理。

5.2.1 厦门市软件园二期空间资源配置不足，营商配套和产业结构亟待优化调整

厦门软件园二期始建于 2005 年，占地约 1km^2，总建筑面积 164 万平方米，是厦门市软件和信息服务业的核心区，也是国内较具规模和特色的软件信息业园区，在海峡两岸具有较大的影响力（图 5-6）。

图 5-6 软件园二期全景图

软件园二期从规划建设之初就考虑了功能配套需求，设有一些公寓、食堂、咖啡厅、文体设施。然而，随着软件信息产业和软件园二期园区的发展，创新创业者和企业对园区有了更多功能需求，园区的功能布局、运行机制等也暴露出一些不足，表现在以下几方面。

首先是空间资源配置不足和错配。软件园二期发展空间十分紧张，已入驻 1000 余家企业，研发空间处于饱和状态，一批快速发展的龙头企业没有及时获得足够的空间；同时，部分办公空间长期被与园区产业定位不相符的企业和机构占用，亟待清理。软件园二期城市功能配套不足，园区内人口密度较高，公共配套不足的问题非常突出（表 5-2）。

软件园二期公共配套不足问题一览表 表 5-2

项目	问题
居住空间	居住空间不足，特别是低成本居住空间远远不能满足需要
餐饮配套	餐饮配套不足，多数人员只能通过向园区外餐厅网上订餐的方式解决午餐
交通	交通拥堵，上下班高峰期间尤为严重
停车	停车难，车位严重不足
其他方面	园区员工的教育、医疗、休闲娱乐等相关诉求，未能得到有效满足

其二是企业营商配套设施及服务不健全、不到位。软件园二期服务体系不健全，多数企业反映，创业辅导、创业投资的创业导师、投资人不足；资本集聚度不高，企业特别是初创期企业面临融资难的困境，60.6% 的受访者在创业过程中面临的主要困难和障碍是创业资金缺乏；人才、法律、会计等中介服务机构不足，推高了企业的运营成本。政府服务不到位，一是各类政策缺少统筹和引导，73.9% 的受访者反映城市没有统一的政策发布、宣传平台，对市区的各项扶持政策不了解，政策"打架"、政策不落地的现象较为突出；二是政务服务效率低，特别是优惠政策兑现手续多、周期长，95.7% 的受访者反映在创业准备期间办理相关手续较为复杂；三是政府靠前服务不到位，78.3% 的企业反映在创业过程中遇到一些不明白的问题时，没有得到相关政府人员的指导。

其三是园区产业结构亟待优化调整。60.9% 的受访企业认为，厦门软件业创新创业企业发展面临的主要困难是人才缺乏，软件园二期的软件人才流动率不到 10%，大大低于国内先进园区，"企业招人难、创业者找合伙人难"的问题比较突出。与此同时，龙头企业带动不足也是产业结构的显著问题。一是龙头企业数量偏少，规模偏小；二是龙头企业孵化平台少；三是产业整合不够，产业链的上下游尚未贯通，产业之间、企业之间互动不足。

5.2.2 从空间资源优化和基础设施配套切入，推动社会经济转型

借鉴新加坡纬壹科技城、台湾南港软件园建设的成功经验，厦门市软件园二期以问题为导向，围绕创新创业者和企业需求，从空间资源优化和基础设施配套切入，统筹社会转型和经济转型。

软件园二期整合优化空间资源要素，包括合理规划引导空间布局、优化园区内研发空间配置、拓展园区外研发空间。软件园二期将园区及周边产业引导形成软件科技区、动漫科技区、光电科技区、综合服务区、创客孵化区、联合办公区和开放活动区七个区域，优化产业平面布局。制定研发楼出租备案办法，清理非软件类企业，为园区企业空间拓展提供条件。规范、备案研发楼可出租空间近17万平方米，清理1.5万平方米。清退非软件企业92家，核销已退园企业138家。与此同时，选择园区周边思明和湖里的合适区域作为研发空间，解决园区内研发空间严重不足的现状。

软件园二期及周边不仅是产业园区，也是生产和生活高度融合的城区，软件园二期按产城融合的思路进一步打造15分钟创业者生活圈，着力破解园区交通难题，有效利用周边城市设施（表5-3）。15分钟创业者生活圈包括创业微单元营造、居住和餐饮提升、公共交流和娱乐空间拓展、免费公共网络服务提供等方面。交通方面进行结构调优，下大力气新建了园区慢行系统，调整优化电瓶车、公共自行车、公共交通、通勤车的交通组织。设施增效，打通道路，增加出入口，提高通行效率。内外联动，优化外部道路交通组织，开通北二门晚高峰出园，西门和东门实行"早高峰只进不出、晚高峰只出不进"。需求减量，通过组织周边楼盘开发商为园区员工提供优惠折扣等方式，引导员工就近居住，减少机动车出行需求。针对园区空间和服务承载能力有限的现实情况，一方面做好园区内外城市功能的衔接，合理布局公共交通，积极发挥金山路沿线的餐饮配套、万达广场的综合商场超市配套、前埔医院的医院配套、黄厝等小区的住宿配套等周边城市设施的综合

作用,形成园区内外联动的城市配套体系;另一方面针对特定需求在园区周边新布局城市功能设施,例如着手通过周边现有幼儿园扩建、扩招,以及新建幼儿园等方式,为园区提供更加完善的教育配套。

15 分钟创业者生活圈主要内容 表 5-3

项目	内容
创业微单元营造	集成创客公寓和众创空间,打造"楼下创业、楼上安家"的创业微单元,最大限度降低创业的经济成本和时间成本,提高创业者的满意度
居住提升	针对园区公寓楼配套严重不足、流动性较差、员工排队时间较长等问题,重新修订了厦门市软件园公寓楼管理办法
餐饮提升	针对园区食堂配套不足、多数员工向园区外餐厅订餐等问题,园区与国内外卖平台合作,在园区就餐人流量比较集中的区域设置园区外送取餐点
公共交流和娱乐空间	通过搬迁、改造、提升等方式优化拓展园区公共交流空间,园区新增"创+驿站""火炬众创服务站""创新 CTO 之家""龙湫三里 3 号楼""中央水系小影院"等公共交流和娱乐空间 8109.4m²,总面积达到 29109.4m²
免费公共网络	园区与中国电信合作,在观日路 22 号楼内部公共区域、望海路 31 号楼内部公共区域、园区奠基石广场设置公共免费 WiFi,覆盖公共区域面积达 1/3 以上,可同时容纳 7000 人次上网

软件园二期运用共同缔造的理念和思路,调动各方力量参与园区建设发展的谋划,实现企业、员工、政府之间良性和有效的互动。园区成立发展战略咨询委员会(Strategy Advisory Committee,简称 SAC),由园区龙头企业的第一负责人组成,通过为园区规划、产业发展、政策扶持建言献策,从而加强园区龙头企业的产业协作。自成立以来,厦门市发展改革委、科技局、经济和信息化局、思明区相关负责人先后与会,委员会先后探讨软件园战略定位、软件产业营商环境、政产学研合作模式、管理创新等主题,为后续不断改进工作提供了重要借鉴。园区还成立了园区事务协商委员会(Affairs Consultative Committee,简称 ACC),由园区员工代表组成,为园区日常事务管理建言献策。自运行以来,委员会先后研究、讨论了园区临时车收费标准、东西门上下班高

峰交通通行模式、园区幼儿园配套、园区常办事项等议题。园区管理机构认真听取委员会意见建议，积极采纳和落实，实现了交通治理提升、"创+驿站"集成政务服务形成、社保补差便捷化等。

5.2.3 集聚优质服务资源，针对性优化资源配置，打造创新生态圈

软件园二期以企业为主体、"政产学研金介用"紧密配合，形成创新体系完善，创新平台、中介服务、金融服务、公共服务等创新服务齐全，企业、创业者、创新要素提供者等汇聚的生态系统。构建打造创新社区，即创业环境和人居环境提升，集办公、居住、休闲、学习于一体，社区功能多样全面，公共交流活动空间丰富，与周边城市有机融合的活力社区（图5-7）。

图5-7 软件园二期创新生态圈示意图

软件园二期集结了公共技术平台服务、中介服务、金融服务、公共事务服务、线上平台等优质服务。公共技术平台服务方面，根据园区企业的共性技术需求，统筹、提升现有公共技术平台，拓展创新服务，形成了由数字媒体技术服务平台、软件公共技术支持服务平台等

七个公共技术服务平台构成的平台集群。

中介服务方面，根据创新创业企业的实际需求，引进了法律服务机构、知识产权服务机构；扶持本土成长起来的会计服务机构、人才培训机构、企业管理咨询机构，构建完整的中介服务体系，使企业不出园区就可以享受高水平的商务服务。同时，由政府出资打造中介服务集中载体——"火炬众创服务站"，为园区小微企业提供高水平、免收费的中介服务，大大降低了创业的时间成本和经济成本。

金融服务方面，充分发挥金融在推动产业发展方面的杠杆作用，构建由银行、担保、券商、基金、投资机构组成的园区产业金融服务体系。

公共事务服务方面，征集园区企业和员工日常前往政府部门办理的事项清单，分析办理频次，筛选出一批常办事项，并协调相关部门，根据事项不同性质，通过相关部门驻点办公、授权受理和初审、授权代办、设置自助服务机等形式，将这些服务集成于"创+驿站"中的"政务小站"，并授权长期服务于园区的国企——创新软件园管理公司负责运营。在"创+驿站"中设立了"园区小站"，集成研发楼、公寓楼、店面、会议室租赁，装修审批，弱电施工审批，企业广告牌审批等 9 项园区服务，一站式做好园区服务。同时，通过打造"创+驿站汇"品牌活动，提供企业交流、项目路演、导师辅导等各项创新创业活动和服务。

线上平台方面，开发智慧园区综合平台——"创+在线"，通过 PC 端、手机 APP 等多种界面，统筹政务服务、园区服务、市场服务，为园区管理部门提供可视化综合管理平台，改变传统管理模式，减少管理环节，提高数据准确性；为园区企业提供协同管理平台，实现企业与园区管理部门之间的业务协同。

围绕企业特点，开展针对性服务，高效配置资源要素。着力打造以"3M"为代表的龙头企业。美图秀秀、美亚柏科、咪咕动漫作为园区三大产业方向代表，其名称首字母恰好都是 M，称之为"3M"，作为重点予以个性化的扶持。广泛应用园区企业的创新产品和服务,协助企业开展园区示范,并以此提升园区管理服务水平。着力为小微企业、在孵企业提供政策支持和服务。对园区小微企业,充分用好、用活国家、省市关于扶持小微企业的各类政策,降低其成本,扶持其发展。

5.2.4 产业高速发展,员工满意度显著提高,创新创业活跃,创新生态圈初步形成

产业发展迅速。软件园二期在建设一开始,便采用边建设、边招商、边入驻的方式运营,以成本价把场地出租、出售给企业,使企业无需在选址置业上花费大量精力和资金,从而将更多的资源投入研发和生产。在园区空间已完全饱和的情况下,园区企业自身发展保持高速增长,龙头企业效益良好。美亚柏科通过并购江苏税软及珠海新德汇、武汉大千实现业务领域的关键拓展,股值大幅提升;美团、网宿科技、云知声、咪咕动漫等业界知名企业都在园区设立了产品研发和运营服务基地,每年的营业收入超预期增长。园区新增注册企业81家,为产业发展注入了新鲜活力。

创新创业活跃。开展提升工作以来,引入国内顶尖众创空间3W孵化器和英诺爱特,积极扶持本地创客空间—品创客、冰与火极客空间发展,新增创客空间面积约11800m^2,省级认定的众创空间达到3家,市级认定的众创空间数量达到16家,占全市的40%。园区新增创业团队144个,新增创客公寓261间,面积约14000m^2,在孵企业获得投资或意向投资7227万元。

创新城区初现规模,员工满意度显著提高。围绕软件园二期创新社区建设相关事项对园区员工进行满意度调查,结果显示:71.1%的员工认为园区服务有所提升,74.2%的员工认为上下班高峰进出园区的通畅度有所提高,71.6%的员工认为园区自行车道的改造为出行提供了方便,76.8%的员工对整个园区的满意度有所提升。

5.3 利益相关者推动垃圾减量经济：日本横滨案例

日本横滨是日本第二大城市，其规模体量仅次于东京。随着城市的发展，人口增长和经济活动衍生会产生更多的垃圾和废弃物，这给承载力有限的城市垃圾填埋场带来了巨大压力。为此，自2003年起横滨市政府为了减少垃圾焚烧和填埋，制订了由市民与私营部门联手的"G30"行动计划（G为垃圾garbage的首字母，30是目标量）。计划在2010年前将垃圾排放量与2001年相比减少30%。横滨市政府在社区积极推进减少垃圾排放和废物利用的活动，鼓励市民积极参加"G30"计划，提高了市民的环境保护意识，促进市民和企业积极参与横滨的3R（Reduce, Reuse and Recycle）。结果显示，与2001年市内垃圾量的161万吨相比，横滨市2005年的垃圾量减少到106万吨，提前5年完成了减少30%的目标。

5.3.1 G30计划：明确利益相关者责任，提升垃圾减量积极性

G30计划首先确定所有家庭、企业和市政府等所有利益相关者的环保责任，以污染者付费制度和生产者责任延伸原则来减少浪费（图5-8~图5-10）。

图5-8　日本横滨垃圾分类　　图5-9　日本横滨政府对民众开展宣讲

图 5-10　日本横滨垃圾转运站、垃圾焚烧厂、垃圾分拣中心

图片来源：横滨市会：《City of Yokohama》，2008，https://www.city.yokohama.lg.jp/，访问日期：2019 年 5 月 12 日

该市市民必须坚持垃圾分类，种类细致到 15 类，且每种分类垃圾必须在指定的地点和时间内妥善处置。

对于企业而言，在生产中必须贯彻绿色生产、环保生产的理念，积极实施 3R 原则，以更加绿色环保的生产过程，向社会提供产生较少废弃物的产品和服务。

而对于市政府，为了鼓励民众、企业等多方利益主体积极参与 G30 行动，在城市中开展了大量的环境教育和宣传活动。为了促进充分的垃圾减量，市政府在横滨市影响力最大的邻里社会协会举办了超过 11000 场研讨会，向民众解释如废物分离等的垃圾减量方法。此外，在人流量密集的火车站地区、当地的购物街、超市等各种场合开展宣传活动。G30 标志还被张贴在所有的城市出版物中、城市所有的车辆上等，以此将垃圾减量的概念深深植入当地居民脑海中。

实行该项政策的收益是十分快速而明显的。2005 年，横滨市就实现了减少 30% 废弃物的目标，比预期提前了 5 年完成。到了 2007 年，与 2001 年相比，城市人口增长了 16.6 万人，而垃圾却减少了 38.7%（图 5-11）。

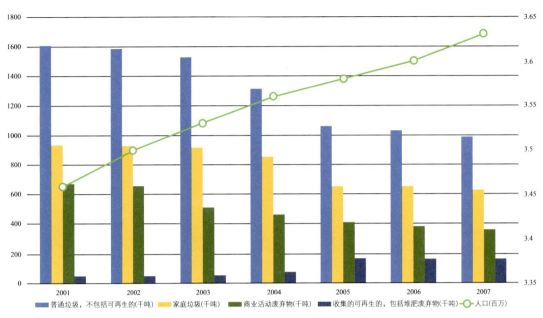

图 5-11　2001—2007 年横滨市废弃物和人口变化情况

图片来源：横滨市会：《City of Yokohama》，2008，https://www.city.yokohama.lg.jp/，访问日期：2019 年 5 月 12 日

5.3.2　倡导利益相关者实行垃圾减量，削减城市温室气体排放量

几乎所有的不可再生垃圾在横滨会被送到焚化炉中处理。减少垃圾会直接使得温室气体排放量大幅削减，减少废物燃烧量对于城市公共活动二氧化碳释放量的减少也有助推作用。目前，横滨市以减少温室气体排放为目标，通过废物收集、分类填埋处理及垃圾回收等方式，在 2001—2007 年间减少了相当于 84 万吨的二氧化碳排放量，引领了日本国家的减排浪潮，奠定了其城市绿色竞争力雄厚的地位。

5.3.3　垃圾减量、废弃物循环利用，提升城市的经济效益

垃圾减量帮助横滨市政府提升城市的整体经济效益。横滨市通过减

少垃圾和废弃物来减少开支，同时，可循环再利用的垃圾在处理过程中产生的副产品也可以产生收益。2000 年，因为废弃物显著减少，横滨市政府已经关闭了两个垃圾焚烧炉，这项举动每年节省了 600 万美元以及翻新焚烧炉所需要的费用 11 亿美元。此外，资源和废弃物的回收利用和再生销售为城市创造了 2350 万美元的收入，占到城市总预算的 5%。

5.3.4 高效利用副产品，创造城市经济效益

在垃圾焚烧的过程中，产生的热量、蒸汽和电力也是十分宝贵的资源。横滨市政府将热量和蒸汽通过加热或冷却的方式，为相邻的公共设施，例如室内游泳池和老年护理设施等提供动力。此外，焚烧炉中的涡轮机通过蒸汽带动产生电力，也会被重新使用。2007 年，焚烧炉共产生 3.55 亿千瓦·时的电力，其中有 42.2% 被焚烧炉重新循环焚烧使用，55.4% 出售给招标的电力公司，而 2.4% 由附近的公共设施使用，例如污水处理厂等。2007 年，焚烧炉产生的电力用于销售的部分可供 57000 户家庭一年使用，横滨市政府获得了 2460 万美元。

此外，为了更有效地促进废物管理，横滨市也将垃圾回收的活动承包给私营部门，激励企业市场化运作，达到以较低的成本提供更高质量服务的目的。2003—2005 年，通过承包服务给私营部门，横滨市政府共节约了 2640 万美元的运营成本。

5.4 重庆市璧山区以"生态优先、绿色发展"推动产业转型升级

重庆市璧山区位于重庆市主城西郊，因境内"山出白石，明润如玉"而得名。唐至德二年（公元 757 年）建制，史出"双状元、十翰

林",有"巴渝名邑"美誉。

璧山区处于重庆市南弧形构造带,位于温塘峡背斜与沥鼻峡背斜之间。璧山面积915km²,2016年总人口63.6万,城区面积116km²,城区常住人口27万。璧山区虽与重庆主城仅一山之隔,但"两山夹一谷"的地貌特征,使得璧山四面环山,交通闭塞。2000年前重庆主城至璧山来往十分不便,需环绕歌乐山,经青木关和陈家桥,坐车至少两个半小时才能抵达。璧山区不论是经济,还是人口居住吸引力均与重庆主城有一定差距。

璧山区在实施"三区一美"战略中,大力实施交通基础设施建设,突破交通瓶颈。目前已建成成渝高速、遂渝高速、渝蓉高速,在建的东西过境九永高速,南北过境合璧津高速。现在的璧山区已成为重庆"一小时经济圈"的重要行政区(图5-12)。

近年来,为大幅提升城市生态宜居环境,璧山提出打造"深绿城市",在绿色发展理念的引领下,按照"城市发展新区"的全新定位,把建设"城市发展新区"的生态宜居区放在工作首位,创造独具魅力的秀美绿城、活力水城、文化古城,并以"生态优先、绿色发展"推动城市产业转型升级(图5-13)。

图5-12 重庆璧山区地理位置图

图5-13 重庆璧山国家高新区

5.4.1 重庆璧山区的"生态优先,绿色发展"之路

把"环境就是资源,环境就是资本,环境就是生产力"作为发展理念,建设令人向往的"一生之城"(图 5-14)。

把环境治理放到统领全局的高度,以治污为起点,展开了长达十余年的系统化生态环保治理与美好环境建设之路。

坚持"生态优先、绿色发展",打造出"秀美绿城、活力水城、文化古城",成为"国家园林城市""全国生态保护与建设示范区""国家生态文明建设示范区"(图 5-15)。

图 5-14 重庆璧山区城市风貌
图片来源:重庆市璧山区人民政府

图 5-15 重庆璧山区美好环境
图片来源:重庆市璧山区人民政府

5.4.2 规划先行，综合治理

创新理念，通过有高度、有前瞻性的全方位规划，确保城市建设的全局性、可持续性，化解或减轻了后期管理压力，为依法监管打下坚实基础。

城市建设以人为本，紧扣群众需求，注重人居环境建设，不断优化城市布局，提升城市功能和品质。

常态管理，持续改善，将城市管理常态化，努力打造深绿型生态化城市（图 5-16）。

图 5-16　重庆市璧山区规划先行
图片来源：同上

5.4.3 环境建设促进区域吸引力提升

人口持续净流入，2016 年净流入 8.65 万，2017 年净流入 9.5 万。

十年引进和培养硕士研究生、副高级职称以上人才 1310 名，吸纳劳动力 40 多万人。

城镇建成区扩大到 51.4km^2，常住人口增加到 73 万，城镇化率达到 52.14%，成功申报为国家新型城镇化综合试点地区。

建成国家级企业技术中心 3 家、国家级实验室 3 家、国家级研究院 1 家、博士后科研工作站 5 家、各类市级研发平台 45 家（图 5-17）。

图 5-17　重庆市璧山区的区域吸引力
图片来源：重庆市璧山区人民政府

5.4.4　环境建设促进产业转型升级

科技创新已成为当地产业发展的最大驱动力，"装备制造、电子信息、食品医药"三大主导产业，产值占全区工业总产值比重已超过 60%。

璧山国家高新区，入园企业 940 余家，每平方千米投入超 50 亿元、产出超 100 亿元、税收超 3 亿元，工业产值 774 亿元。

2019 年，高新区建成区面积达 21km^2，入驻企业增至 1146 家。

预计到 2020 年，高新区拓展面积 30km^2，实现工业产值 3000 亿元，税收 30 亿元，高新技术产业比重占 63.5% 以上。

5.5 加拿大依诺维斯塔生态园区案例

依诺维斯塔生态工业园区（Innovista）位于加拿大西部阿尔伯达省中南部的欣顿镇，距省会城市埃德蒙顿 284km，位于欣顿的东侧入口，坐落于阿萨巴斯卡河流域河畔。依诺维斯塔生态工业园总面积为 42hm^2，其中 32hm^2 为开发性用地，10hm^2 为公园和生态保护区。

依诺维斯塔生态工业园区实现了交错式布局、绿色生产、废物循环利用、清洁能源替代使用，在保护和美化环境的同时实现了经济的快速增长；其独特的生态产业与绿色建筑设计，也营造了优美的生态人居环境。

5.5.1 分阶段式交错布局，高效充分利用资源

依诺维斯塔生态工业园区拥有约 42hm^2 绿地，约 12.9hm^2 公园和生态保护区。该生态工业园区的开发分为三个阶段，每个阶段都有各自倾向。第一个阶段包含了 10 个地块，面积约 8094~28328m^2，其发展的主导理念为"轻工业，小批量，限制重型车"，倡导绿色发展工业。第二阶段主要发展重工业、大规模企业，且允许重型卡车驶入。第三个地块则更加重视开放和绿色生态的构建。

该工业园区的布局阶段体现了其布局的三个基本原则：实现产业效益、维护生态特质和践行社会责任。且工业园区的布局可以很好地促进每个阶段的副产品的使用。通过三个阶段之间的地上地下交通网络联系，每个地区形成的生产副产品可以在其他阶段地区循环使用，高效利用资源。园区内的资源达到了高效的循环再利用：

- 通过园区内部和跨园区的共享加热和冷却系统，减少能源利用（图 5-18）；

- 考虑生产过程实现可再生能源的利用（太阳能、地热、风能、生物质能）或热电联产（图 5-19）；

- 通过单个建筑物设计和总体监管上的手段，考虑备份能源的储存；

- 积极引入生物能源项目，实现能源利用的多元化；

- 使用主动太阳能系统和太阳能热水器预热；

- 使用创新的基础设施，对废水进行生物预处理，提高水的循环利用率，节省水资源。

图 5-18 厂房的能源设备

图 5-19 欣顿政府中心利用太阳能

图片来源：Innovista Eco-industrial Park Development Guidelines，2011

5.5.2 提供多样化的生产环境吸引企业，促进生态产业网络成长

依诺维斯塔致力于提供多样、先进的生产经营环境，以促进生态产业网络的成长。当地政府通过以下措施来强化工业园区的经济表现，促进经济多元，实现地方可持续产业的发展：基于地方的资源本底，同时大力吸引进步、可持续发展意识的企业；此外，地方政府还积极提供生态培训和教育机会，提高产业工人技能。

政府还积极实现企业间的战略协同，降低生产成本，以促进生态产业网络的成长：其一，资源的共享。固体废物均被视为别家企业的生产流程中的资源，达到资源循环再利用的高效水平。在依诺维斯塔工业园区内有多家提供垃圾回收服务的企业，同时园区也鼓励废物原料的协同作用（副产品的协同作用），促进材料从企业到企业的流动。其二，设施的共享。各类服务设施实现共享共用，降低园区运营成本。

5.5.3 建设绿色的基础设施系统，促进绿色基础设施和能源循环使用

依诺维斯塔工业园区的实践减少了对基础设施的需求，同时使用替代品，包括更可持续的基础设施，促进绿色基础设施和替代能源的使用。根据该工业园区的实践经验显示，绿色基础设施的花费反而更小。虽然其前期投入成本较大，然而事实上，从总体运营效果来看，它实际上可以减少企业和市政运营成本。

在绿色基础设施建设的原则下，基础设施都是多用途和绿色的。例如，园区内的道路设计集成了生态雨水管理系统，这种绿色基础设施将有助于使雨水用于工业用途，将资源更加高效地分配和利用，实现生态产业网络。

该工业园区目前拥有一套高效而低成本的暴雨和污水管理系统，暴雨和污水处理将纳入现有的湿地地区以及人工湿地，以灌溉湿地和绿色植被。此外，依诺维斯塔鼓励节约用水并设立污水处理系统，其下水道系统，采用了被称为小口径污水管的地方技术，即使用一个非常小的直径管，无须挖沟安装，最大可能地减少了对环境的影响。同时，这种技术因其简单、廉价及实用，还可创造一定数量的本地就业需求。

5.5.4 高效有序的交通系统，带动工业区经济快速增长

人与货物的安全有效运达是生态工业园区经济成功的关键。鼓励

人员与货物的多式联运，最大限度降低交通设施的成本和运输的环境影响，是营造工业园区高效有序的交通系统的重要保障。

依诺维斯塔工业园区内的道路通过精心设计，比传统的工业园区显著减少了路面面积，同时保持路面材料的环境友好。这种设计将减少道路建设和维护成本，雨水管理也较为方便。此外，园区内还布局了小的旅游专线和小型电动交通工具等，同时整合了这些旅游专线和行人步行网络，营造了良好的行人空间。

此外，园区内的停车场设计避免出现大的、荒芜的停车场，建设体量较小的停车场；同时，停车场种植原生乡土高大树木及灌木，以拦截降水，减少热导，实现停车场的景观性和与人的友好性。

园区内还提供舒适安全的非机动车道，在交通繁忙路段实现自行车和行人的分离；该轨道交通系统在重要的建筑物之间还设置了步行及自行车的连接点；同时，提供自行车配套设施，如淋浴设施、储物柜和安全的自行车停放处等。

5.5.5 鼓励建设绿色建筑，营造优美生态人居环境

绿色建筑是依诺维斯塔工业园区发展的鼓励项目，园区鼓励企业或民众进行屋顶绿化，以地方材料和替代能源进行生态场地设计。依诺维斯塔园区建筑地段将沿南北中轴线对齐，在设计上实现自然采光，便于使用太阳能系统，减少能源消耗。建筑物结合欣顿的"山景"景观主题，使依诺维斯塔发展成为拥有自然美景且极具吸引力的宜居城市。

此外，绿色建筑将其对场地的干扰减少到最小，所有剩下的自然区域将被保留在其自然状态，以尽可能保留森林覆盖率，防止或限制侵占森林地面，实现了生态场地的安全，构建了优美的生态人居环境。

主要参考文献

[1] OECD. Green growth in cities, OECD green growth studies [R]. OECD publishing, 2013．

[2] 汪士和．探讨中国建筑业在国民经济中的作用与地位 [J]．建筑技术开发，2017，44（2）：11-14．

[3] 范菲菲．中国建筑业发展与经济增长的关系研究 [D]．郑州：郑州大学，2008．

[4] 孔德源．我国城市轨道交通投资乘数效应分析 [D]．成都：西南交通大学，2013．

[5] 王立．全面推进绿色建筑，促进城市绿色发展 [J]．武汉建设，2008，（03）：66．

[6] 杨晓慧．对于低碳住宅建筑设计要点研究 [J]．城市建设理论研究，2012（11）．

[7] 中国欧盟商会．中国的产能过剩如何阻碍党的改革过程 [R]．2016．

[8] 住房和城乡建设部标准定额司．绿色建筑高质量发展方案及指标体系研究报告 [R]．2019．

[9] 韩丽红．发展钢结构住宅，促进建筑节能 [J]．中国建材，2008，（3）．

[10] 全球城市竞争力报告 2017—2018：房价，改变城市世界．GUCP 全球竞争力项目组，2017．

[11] OECD. Urban environmental indicators for green cities: a tentative indicator set [R]. OECD publishing, 2011．

[12] Arcadis．可持续城市交通指数报告 [R]．2017．10．

[13] Mercer．生活质量调查报告 [R]．2018．3．

[14] 阿方索·维加拉，胡安·路易斯·德拉斯里瓦斯. 未来之城——卓越城市规划与城市设计 [M]. 赵振江，段继程，裴达言，译. 北京：中国建筑工业出版社，2017.

[15] 埃比尼泽·霍华德. 明日的田园城市 [M]. 金经元，译. 北京：商务印书馆，2000.

[16] 陈雯，闫东升，孙伟. 长江三角洲新型城镇化发展问题与态势的判断 [J]. 地理研究，2015，34（03）：397-406.

[17] 崔功豪. 中国城镇发展研究 [M]. 北京：中国建筑工业出版社，1992.

[18] 李郇，徐现祥. 边界效应的测定方法及其在长江三角洲的应用 [J]. 地理研究，2006，(5)：792-802.

[19] 联合国人居署. 城市规划——写给城市领导者 [M]. 北京：中国建筑工业出版社，2016.

[20] 重庆市璧山区人民政府. 璧山区坚持"生态优先，绿色发展"提升城市品质取得实效 [R]. 2019.

[21] 杨野，黎盛荣. 儒雅璧山，田园都市 [EB/OL]. http://www.zgcxtc.cn/news/187856.html.

[22] 李之昂. 深绿城市：找寻转型发展之钥之二——聚集优势项目构筑产业高地 [N]. 广东工业园，2018-7-30.

[23] 魏中元. 璧山，让创新软环境变硬实力 [N]. 重庆日报，2017-4-27.

[24] 张小林. 科技让这两家企业在璧山蝶变 [N]. 重庆晨报，2016-10-27.

[25] 陈秀明. 绿色金融支持绿色产业发展研究 [J]. 北方金融，2018（08）：47-51.

后记

本书由住房和城乡建设部住房改革与发展司牵头，住房公积金监管司、建筑市场监管司和标准定额司等协助编写工作。

中山大学教授、中国区域协调发展与乡村建设研究院院长李郇，清华大学中国城市研究院副研究员林澎与笔者共同撰写本书。广州中大城乡规划设计研究院李敏胜高级工程师为本书提供了大力支持。此外，中山大学中国区域协调发展与乡村建设研究院助理研究员杨思、麦夏彦、黄耀福等，中山大学研究生许伟攀、周金苗、陈銮、姜俊浩、郑莎莉等也做了一定工作，他们的成果在本书中均有所反映。

本书按章节顺序的主要撰写人是：前言：梁勤、李郇；第一章：梁勤、杨思、周金苗、麦夏彦；第二章：黄耀福、周金苗、李凡、邹晓爽；第三章：李郇、梁勤、李敏胜、黄耀福、杨思、许伟攀、周金苗、姜俊浩、李凡、邹晓爽；第四章：林澎、陈銮；第五章：周金苗、杨思、李凡、邹晓爽。笔者对全文及插图进行了统稿。

由于时间关系，本书疏漏在所难免。目前国内外对绿色增长城乡建设的研究和实践还在不断深入，需要进一步探讨的问题还有很多，我们也在继续学习探索之中，并将根据多方面的研究与实践，不断修改和完善，为更好地推动城乡建设的绿色增长提供有益的参考。

梁勤

2019 年 3 月